MicroPython ◀◀

STEM +■□

BBC
Micro:bit
入門與學習

Makecode

```
forever
  show string ◀◀ Hello, World!
  show icon
  pause (ms) 2000
```

```
while True:
    display.scroll('Hello, World!')
    display.show(Image.HEART)
    sleep(2000)
```

作 者 簡 介

黃國明

多年來致力於創客與人工智慧結合的教育模式，
將 3D 列印、3D 掃描、機器人技術應用在更多教
學領域中。

余波

中國電子學會創客教育專家委員會專家委員，致
力研究和實踐以人工智慧學習為載體的 STEM 課
程，輔導學生多次獲得 FRC、WRO、ROBOT-CUP、
FLL、VEX 等機器人競賽大獎。

邵子揚

資深嵌入式工程師，開源硬體愛好者，MicroPython/
micro:bit 中文社群站長，曾著有《AVR 單片機應用
專題精講》一書。

本書將從五個方面帶領大家一步步理解和學習 micro:bit 的使用方法：初識 micro:bit 簡介、micro:bit 的開發方式、MakeCode 圖形化程式語言、PythonEditor 程式語言、micro:bit 程式創意應用案例。藉由本書的介紹，讀者很容易用深入淺出的方式了解並學習到 micro:bit 入門所需學習與了解的知識，往後還會有中階及高階的應用課程及教學陸續推出；本書定位為入門書籍，所以我們非常詳細地介紹 micro:bit 及其背景資料，意在理解 micro:bit 產生的含義。而 MakeCode 和 PythonEditor 只講解基本功能，沒有困難的擴展和延伸，非常適合中小學生課外學習使用，也適合初學者（非專業教師）學習參考。第五章的程式創意應用案例部分是本書擴展的重要內容，在上百個案例中精選出十多個案例供大家學習和體驗，其中有簡單的也有複雜的，我們為不同層次的讀者提供不同難度的學習體驗。讀者並不需要全部掌握，可以根據自己個人學習情況，選擇適合自己程度的案例設計方法，並階段性地去體驗和感受難度系數較大的案例設計方法和程序結構，進一步在學習過程中獲得樂趣。所有範例程式可以直接從雲端上下載應用，非常方便。

micro:bit 的產生源自於教育，在全球大力倡導青少年學習撰寫程式之下，為進一步加強 STEM 方式學習而推出的教育用電路板。本書希望能讓中小學生快速掌握 micro:bit 的基本使用方法，讓所有基礎教育階段教師掌握 micro:bit 的使用及應用方法，能將其具教育意義的獨特性，運用到他們正在開展的 STEM 課程中，進一步帶領青少年探索發現、研究學習，以因應即將到來的 AI 人工智慧時代之工作和學習方式。

STEM 課程和學習方式在國外的發展已相當成熟並經歷了三十年歷程，從大學延伸到基礎教育，從探索到成熟。當我們的教育政策正開始嘗試這種學習方式的時候，市場又正進入 AI 人工智慧時代，micro:bit 可作為一種嶄新的學習載體，不僅可讓 STEM 課程內容變得更加豐富，藉此工具也可讓學習過程中產生更多嶄新的學習方式。

其實，micro:bit 只是一個可程式化的硬體電路板，使用方法非常簡單，在整個 STEM 課程中它僅是一個輔助工具，整合了非常多的感測器及應用電路，體積輕巧，使用又非常簡易。它可應用到相關數學、科學、藝術、歷史、設計、工程製作等項目學習，為我們的學習方式及學習過程帶來轉變，具有重要的教育價值。相信在未來的生活科學或資訊科技教育中，它將會是一個不可或缺的角色。

透過本書，我們希望讓大家知道 STEM 課程並不只是簡單的學科融合與新技術的應用，而是在多種生活科學跨領域的融合下，讓學生在這麼多不同的案例中學習和實踐後，有助於培養學生尋找問題及解決問題的能力，進而培養孩子們的「科學素養」。希望這本書能夠有效的將 micro:bit 基礎的使用方法傳遞給中小學生、初學者及一群有熱情的教師們，在你們的 STEM 課程中能有一定的幫助，並可以結合一群志同道合的教育工作者們，共同努力發展出更深層次的教育應用方法，結合更多優秀的學習案例。

PART 1

初識 BBC micro:bit

PART 2

micro:bit 開發方式

PART 3

MakeCode 圖形化程式開發

PART 4

PythonEditor

PART 5

micro:bit 程式創意應用案例

PART 6　附錄與參考資料

PART 1

▼ 初識 BBC micro:bit

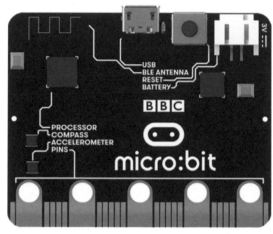

◉ 圖 1-1

AI 人工智慧：未來十年內，取代或改變許多簡單、低效的人類工作，我們要擔心的不是孩子該學什麼才不會被機器搶了工作，而是改變學習方式。

線上課程、討論小組、實習實踐、自我探索和自我完善，將成為今後教育的主流模式。

李開復

1.1 micro:bit 的出生

英國政府積極推廣程式教育課程，BBC 研發出一款微型電腦「micro:bit」，免費發送給英國 7 年級學生。現在這個微型電腦將在全球開賣，期許將資訊世代共同語言——「程式」的影響力，擴散到世界更多的角落。

BBC（英國國家廣播公司）正式推出微型電腦「micro:bit」，免費發送百萬台 micro:bit 供全英國 11 ～ 12 歲的七年級學童電腦教學使用。現在，這款微型電腦將在網路上開賣，售價僅 16 美元。

micro:bit 大小只有一個火柴盒這麼大，不僅方便學生隨身攜帶，學生也可隨時練習用 Python、TouchDevelop、Blockly 和 JavaScript 開發應用程式。micro:bit 內嵌 25 顆紅色 LED 作為顯示，並配有兩個可以編寫程式的按鈕，透過藍芽及 Micro USB 連接，讓學生可以在電腦上編寫好程式，再輸入 micro:bit 中。除了 micro:bit，BBC 還規劃了一系列的編寫程式教育節目，甚至還將程式編寫的學習包裝成遊戲以及影集，吸引年輕人的目光。

● 圖 1-2　micro:bit 免費發送到全英國一百萬名 7 年級學生手中，讓學生從小就可以開始學習基本程式編寫

micro:bit 微型電腦計畫，是 BBC 與三星、微軟及 ARM 共同技術合作開發的專案，原定在 2016 年 10 月會將 micro:bit 免費發送到全英國一百萬名 7 年級學生（約 11 至 12 歲）的手中，但因為教授編寫程式碼相關課程的老師來不及備課，計畫延遲了半年到 2017 年 3 月才執行。

我們的目標是走出英國，讓至少 1 億的人可以接觸到 micro:bit，利用科技影響他們的生活。

micro:bit 教育基金會主席 Zach Shelby

1.2 micro:bit 的基本介紹

跟 micro:bit 說個 Hello 吧！

您可以將 BBC micro:bit 用於各種酷炫的創作，從機器人到樂器－可能性是無限的，它和信用卡的大小差不多（4cm x 5cm），上面嵌有 25 顆紅色 LED，用以顯示訊息和圖案，還有兩個可程式設計按鈕、集成了加速計和磁力計等功能。另外更有低功耗藍牙、無線電收發、電池介面、microUSB 插槽和 5 個 I/O 環供外接裝置擴充使用。

● 圖 1-3

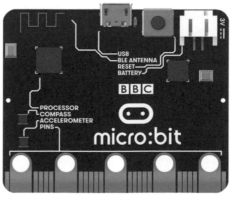

● 圖 1-4

寫程式變得夠簡單

它可以在任何 Web 瀏覽器進行編輯，寫入 Blocks、Javascript、Python 和 Scratch 等程式語法，不需要任何軟體。

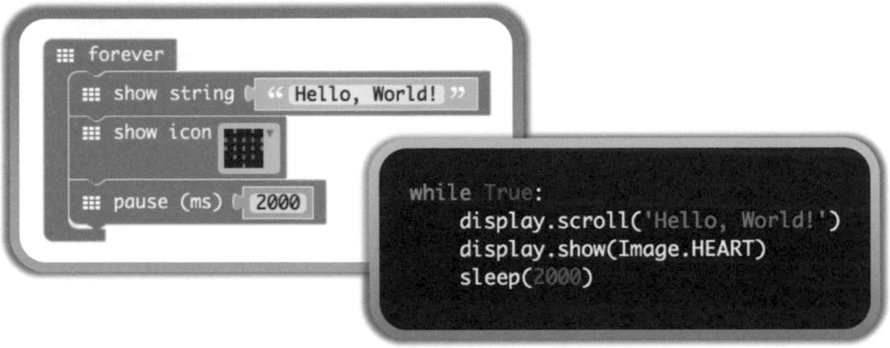

● 圖 1-5

靈感、資源豐富與挑戰

micro:bit 有超過 200 種不同的活動和資源，從簡單的實驗到創造性的程式挑戰。

我們只需要登入網站（microbit.org），就能在 micro:bit 上撰寫自己設計的程式，它幾乎支援所有的 PC 和行動裝置。同時，能夠在 microbit.org 上保存和測試自己所設計程式，並透過 USB 線或藍牙來連接電腦實現程式下載功能。

micro:bit 板子上設有一個 RESET 重置按鈕，讓使用者可以直接重新開機。使用者可以在任何地方使用電池組為 micro:bit 供電。在 micro:bit 上程式設計非常簡單，可以選擇微軟的 MakeCode 和 PythonEditor 等開發軟體。

令人驚喜的是 micro:bit 可以透過內建的感測器和按鈕與 25 個 LED 燈進行互動,並依據不同的模式讓其閃爍,例如字母、數字和圖案。其結果是值得期待的!

● 圖 1-6

這款裝置可用於製作簡單的遊戲、智慧手錶或健身追蹤器,但它還有著更大的雄心,比如將之送向太空、使用 1009 個原型來搭建一個大螢幕,或競速賽車。它甚至可以連接至其他的運算裝置,包括 Raspberry Pi、Arduino 和 Galileo,實現更多複雜的任務。

● 圖 1-7

我該如何在家裡或學校使用 micro:bit 呢？

世界各地的學校正在廣泛使用 micro:bit，從芬蘭、冰島、新加坡到斯里蘭卡，這股 micro:bit 熱潮正在不斷延燒，網路上也有非常豐富的資源可以使用，對教學或學習有興趣的使用者，都歡迎連結至 http://microbit.org/teach/，我們可以在上面看到非常多的案例與學習方式，例如：微軟也在上面做了一個 14 周的電腦科學課程，其中有很多的學習案例，全都可以直接下載並進行線上學習。其他資源也在不斷的增加中，網路上也已出現上千種給予中小學教師精彩的活動和課程計劃。

micro:bit 的未來計畫

micro:bit 這項計畫在英國執行的成果相當成功，已經成為英國電腦教育核心的一環，現在當局也計畫在全球推行這項計畫。micro:bit 由 BBC Learning 負責研發，目前已將 micro:bit 獨立區分在名為 micro:bit Educational Foundation（micro:bit 教育基金會）的非營利組織，除了確保程式編寫教育持續的發揮影響力，也利用獨立機構的測試將 micro:bit 推向新的市場。

根據基金會主席 Zach Shelby 的說法，micro:bit 將會在 2017 年推廣到全歐洲，目前正在將開發工具翻譯成荷蘭語和挪威語，並升級 micro:bit 的硬體設備，也規劃在 2018 年進入北美以及中國市場，計畫在未來 5 到 10 年，賣出數以萬計的 micro:bit 至全球，希望將程式教育推到世界各個角落，同時也會降低在發展中國家的售價，讓大家都能學習資訊世代的共同語言。

● 圖 1-8

1.3 micro:bit 基金會

2016 年 10 月 micro:bit 迷你電腦發起人 BBC 宣佈成立 micro:bit 教育基金會（MEF），旨在藉由其自由分發的迷你電腦激發創造出更多的程式設計人員，這個新創立的教育基金會（MEF）將在全球範圍內支援 micro:bit。

micro:bit 於 2016 年 3 月推出，大約已經將 100 萬個 micro:bit 分發給英國學校。他們已經被用作常規課程計畫和學校社團的一部分，同時也用於其他活動，如參與火箭發動汽車比賽、將其送入上層大氣層來定位氣球，以及尋找聖誕老人等活動。

● 圖 1-9

英國廣播公司（BBC）表示，現在說專案是否成功還為時過早，但目前的成果非常令人鼓舞。在使用過該設備的人中，有 75% 表示喜歡 micro:bit，有 86% 表示對電腦科學更有興趣，有 88% 表示程式設計比他們想像的更容易。據說 micro:bit 還大大增加了女孩對程式設計和電腦科學的興趣。

● 圖 1-10

MEF 的目標是作為獨立的非營利組織，在迄今為止所做工作基礎上，繼續 BBC 的工作，促進微觀和創造性使用數位技術，尋求把 micro:bit 提供給世界各地的孩子，它將努力降低技術訪問的障礙，並推出新功能和相關資源，以及支援多國語言。

下表是 micro:bit 初創夥伴，而在現在及未來的道路上，夥伴數還在持續增加中。

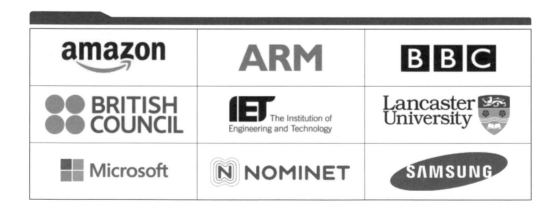

1.4 micro:bit 的特色與功能說明

「麻雀雖小，五臟俱全」這句話用在 micro:bit 上恰巧合適。

筆者將其全部功能列表如下，希望可以讓讀者更輕易地了解 micro:bit。

- Nordic nRF51822 低功耗藍牙晶片：16MHz ARM Cortex-M0，256KB Flash、16KB RAM
- NXP KL26Z 微處理器：48MHz ARM Cortex-M0+，支援 USB2.0 OTG
- NXP MMA8653 三軸加速度計
- NXP MAG3110 三軸磁力計
- 25 個紅色 LED 組成 5*5 矩陣
- 3 個機械按鍵，包括兩個使用者按鍵及一個重定按鍵
- MicroUSB 供電 / 資料介面和電池介面
- 23pin 信號介面，包括 SPI、PWM、I2C，以及最大支援 17 個 GPIO

下圖是 micro:bit 的硬體結構圖，以及原文官方網站對於板子的說明，筆者在此不另行翻譯，無法理解的讀者，請參閱之後的說明。說明中會加入中英對照及零件位置圖，讀者可以透過比對了解這些複雜的專業用語，並且明白專家們的通用語言是怎麼說的。

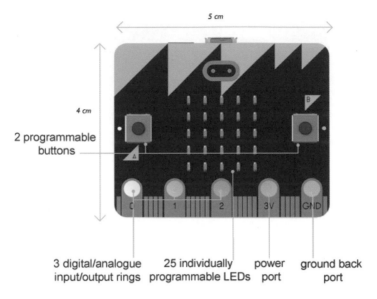

5 cm

4 cm

2 programmable
buttons

3 digital/analogue
input/output rings

25 individually
programmable LEDs

power
port

ground back
port

FRONT

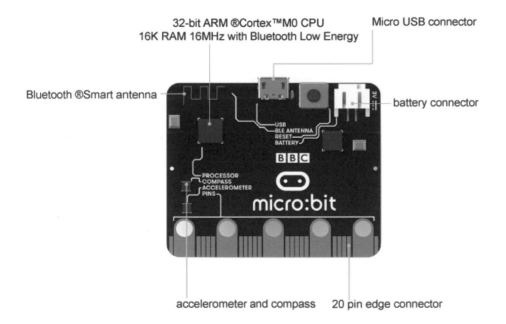

32-bit ARM ®Cortex™M0 CPU
16K RAM 16MHz with Bluetooth Low Energy

Micro USB connector

Bluetooth ®Smart antenna

battery connector

accelerometer and compass

20 pin edge connector

BACK

● 圖 1-11

常用功能說明：

① 25 顆的 LED 可程式化螢幕（25 individually-programmable LEDs）

在 micro:bit 前面的這些紅色 LED（發光二極體），組成一個 5x5 的點陣，可以顯示文字、數字、符號及相關圖示等，大家可以透過將 LED 點亮或者熄滅，去對應自己想呈現的樣子。最重要的是，我們還可以透過程式控制 LED 的亮度，這樣就可以應用在例如調光、呼吸燈及相關事件的案例中。

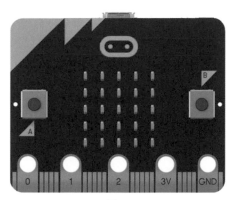

● 圖 1-12

② 按鈕 A 和 B（2 Programmable Buttons: A and B）

micro:bit 的正面有兩個按鍵 A 與 B 屬於輸入按鍵。micro:bit 可以檢測到按鈕被按下，甚至記錄按鍵的次數，然後當程式收到外部輸入的按鍵次數，就可以讓程式做出相對應的動作，例如我們可以在程式內部寫——當接收到按鍵 A 按一次，我們的板子就亮一個燈，當接收到按鍵 B 按一次，我們就亮兩個燈，這樣就能產生不同的變化。

> Tip_
>
> 電路上有分為輸入與輸出，輸入指的是外部把信號給板子，也叫作輸入信號給它。輸出指的是，從板子內部的程式，去指定輸出什麼信號給外部的使用者，這最常見的例如 LED、蜂鳴器，都是程式寫好了，要求輸出亮燈或熄燈，更或者是放出一段音樂，都是屬於我們寫的程式內容所指定，這樣是不是很好玩呀！

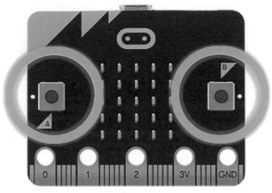

● 圖 1-13

③ 接腳（Pins）

在 micro:bit 底部有一排金色引腳（金手指），其中 5 個大的，20 個小的，它
們連接到 micro:bit 內部的 I/O 口上，支援輸入、輸出、控制等功能。你可以連
上一些外部的感測器和模組，比如溫濕度、超聲波、電機等，實現各種功能。

5 個大的引腳連接到環形的孔上，並標明 0、1、2、3V、GND，分別表示的是
P0、P1、P2、3V 電源輸出和接地。

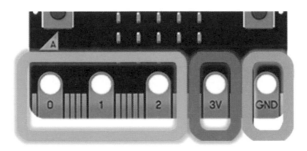

● 圖 1-14

④ 光感測器（Light Sensor）

有了光感測器，我們就可以使用 LED 作為基本的光感測器，可讓 LED 偵測環
境光線，然後在程式內做出相對應的應用，例如我們可以把 micro:bit 擺在家
裡門口的地方，當門打開後、主人開燈，當 micro:bit 感測到光線，就奏出一
段歡迎回家的音樂，這也是一種非常好玩的應用。當主人離開家裡，我們可以

讓 micro:bit 發出嗶嗶嗶的聲音,來提醒帶鑰匙以及關燈,這就是智慧家居的概念。

● 圖 1-15

⑤ 溫度計(Temperature Sensor)

強大的 micro:bit 還擁有一個溫度檢測的功能,目前顯示的方式是用華氏的數值作為顯示,這就表示我們可以用 micro:bit 量測家裡或學校的溫度,透過溫度數據的收集,就能在程式內作出不同的反應。例如透過 app 傳 email 通知該開電風扇了,或是檢測到周圍溫度過高,可能會引起火災,我們要趕緊確認環境安全。這麼多的應用,就在這一片小板子就都可以實現了喔!

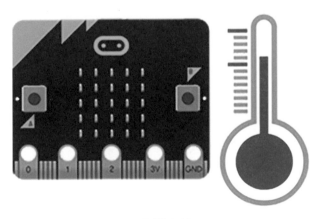

● 圖 1-16

⑥ 加速度計

BBC micro:bit 上有一個加速度計（又叫做加速度感測器，或運動感測器），可以用來檢測 micro:bit 的速度變化，並轉換為可以用於 micro:bit 程式設計的數位信號。加速度計還可以透過程式去識別動作，例如搖晃、傾斜、翻轉與自由落體等。

● 圖 1-17

⑦ 羅盤指南針（Compass）

micro:bit 上帶有磁場感測器（也可以叫指南針感測器），它可以檢測磁場方向和強度，比如地球磁極、磁鐵。利用這個磁場感測器，我們可以將 micro:bit 變為可應用的指南針，但務必注意在使用指南針前都要先經過校準！這個工作就是當開始校準後，在螢幕上畫上一個圓或傾斜，這些數據一經收集後，就可以對指南針進行校準，非常的快速及方便。

● 圖 1-18

⑧ 無線 / 藍牙（Radio）

micro:bit 支援無線 / 藍牙功能。使用藍牙功能時，可以做為低功耗藍牙（BLE）裝置，和手機、電腦等連接，配合 App 可以實現雙向通信、雙向控制；使用無線功能時，可以在多個 micro:bit 之間無線電通訊，發送訊息和資料，這樣就可以多人同時用 micro:bit 玩遊戲及互動了。

● 圖 1-19

● 圖 1-20

⑨ 連接電腦

micro:bit 可以藉由 micro USB 連接到你的電腦，這時電腦上會自動多出一個 microbit 的磁碟，以這個磁碟複製編寫好的程式就可以自動更新，不用安裝任何軟體。此外，micro:bit 和電腦之間可以透過程式通信，發送和接收資料（在某些作業系統上需要先安裝驅動程式）。

⑩ 供電（Power Supply）

當 micro:bit 透過 Micro USB 連接到電腦時，就會透過 USB 供電給 micro:bit。在沒有連接到電腦時，需要 2 節 1.5V 的 AA 或 AAA 電池來供電，也可以使用行動電源供電。甚至還可以使用專用的電池擴展板供電，這樣它就可以獨立運行。

⑪ 狀態指示燈（Status LED Indication）

在 micro:bit 背面的黃色 LED 用來顯示硬體和資料傳輸狀態。當 micro:bit 連接到電腦、發送資料並進行下載程式時，黃色指示燈就會閃動，通電時則會長亮黃燈。

⑫ 重啟鍵（Reset）

在 micro:bit 背面的按鈕是系統重啟按鈕，任何時候按下 Reset 鍵，將重新開機運行你的程式。

當 micro:bit 連接電腦時，電腦中會顯示 "MICROBIT" 磁碟。如果連接時不小心按下 Reset 鍵，電腦上會顯示 "MAINTENANCE" 磁碟，表示 micro:bit 進入系統維護模式。你必須拔出 USB 線，重新與電腦連接才能繼續工作。

1.5 全球 micro:bit 持續發熱

1.5.1 英國的圖書館不只能借書，也能借 micro:bit 了

現在可以從英國數百家圖書館借用 BBC 的 micro:bit 囉！

入門套件可以自由借用，其中包含一個 BBC micro:bit、一個迷你 USB 線和一個電池組，以及一些相關使用說明讓你輕鬆開始展開學習，這意味著您可以透過它釋放您的創造力，讓你的家人也參與其中！

micro:bit 非常容易上手和使用，而且可以透過 PC、筆電，以及支援藍牙的智慧型手機或平板電腦上的各種免費程式平台，即可開始進行程式撰寫。它的體積小到可以放在手掌上，並搭配螢幕及感測器一起使用，還可以添加一系列激動人心的外部設備，如伺服馬達、指示燈、開關和各種感測器使用。

英國廣播公司（BBC）的微型版本已推廣至 50 多個國家，這意味著它正在實現推廣至全球超過 1 億兒童使用的目標。作為應對英國數位領域內人才短缺運動的一部分，英國廣播公司（BBC）的微型版本已經在 50 多個國家推出 ...... 這意味著它正在實現基金會達到超過全世界 1 億兒童的目標。

微型教育基金會和 Kirklees 圖書館服務聯合開展的圖書館也計畫發展出更多與程式開發技能相關的職業，以激勵新一代的年輕人提升數位化能力。由微型教育基金會和 Kirklees 圖書館服務聯合開展的圖書館計畫，是該基金會雄心勃勃計畫中之一部分，該計畫旨在激勵新一代的數位先驅－支持年輕人發揮數位化作用，發展程式開發技能，以因應將來各種新興的職業。

● 圖 1-21

micro:bit 教育基金會國際項目經理 Philip Meitiner 表示：「該計畫被證明對未來將會產生重大的影響」。雖然運行時間還不到一年，但有大量的圖書館已開始投入，且投入時間與數量也持續增加中。英國廣播公司（BBC）指出這項計畫已經非常受到歡迎：不僅僅借書率和續借率都很高，越來越多的活動與研討會也都在推廣此項計畫，希望讓更多的孩子對編碼和數位技術感興趣。

● 圖 1-22

1.5.2 >>> 中歐的克羅埃西亞（Croatia）

2017 年 11 月 24 日星期五，在克羅埃西亞 84 ％的小學中，有 6 萬名學生從 12 月初開始，這些學生開始在課堂上和家庭中使用 micro:bit，micro:bit 教育基金會已經看到來自克羅埃西亞的網路點擊量激增。提供這些 micro:bits 的專案被稱為 ProMikro，這是 Nenad 私人資助的非盈利 IRIM，政府機構 CARNet 和克羅埃西亞科學教育部之間的合作專案。該專案的目標是以跨學科和創造性的方式將數位掃盲和計算引入學校。該專案建立在 IRIM 非常成功的 STEM 革命倡議之基礎上，克羅埃西亞有 1000 多所教育機構，包括中小學、大學、非營利機構和圖書館，每個機構收到 20 片 micro:bit。在 IRIM 的支持下，一些地方政府也使用 micro:bits 將程式引入學校。例如：瓦拉日丁縣為 1 至 4 年級的所有學生提供 micro:bit，奧西耶克市將其引入 5 年級。可以在這裡找到參與 ProMikro 的所有學校的地圖。值得一提的是，到目前為止，程式教育並不是克羅埃西亞學校的必修課。這 38,000 名六年級學生和他們老師的 micro:bit 都是由 CARNet 提供的，其餘的非參加學校仍然可以申請 ProMikro 項目。IRIM 設計了 ProMikro，管理的應用程序，開發了在學校使用的課程，並為 2200 多名教師組織了教師教育。迄今為止，已經舉辦兩輪教育研討會（介紹性和主題性），計畫舉辦第三輪高級研討會。克羅埃西亞雇主聯合會提供教育經費，克羅埃西亞郵政也捐贈了航運。教師的教育是專案成功的關鍵因素，取得了令人印象深刻的成果。在參與的所有教師中，有 40 ％從未程式撰寫，經過兩次研討會後，67 ％的教師打算在課堂上使用 micro:bit，在定期寫程式的學生中，超過 83％的學生打算使用 micro:bit。這是一個非常大的突破,世界正在改變,因為 micro:bit。

1.5.3 》》印度孟買引爆了 micro:bit 發表風暴

2017 年 9 月,印度推出 micro:bit 的時間真是太棒了!大量的學生、教育工作者和行業專業人士加入了 micro:bit,並且發現無窮無盡、非常有趣應用。

micro:bit 與印度編碼教育工作者 BinaryBots 合作:可以舉辦各種各樣的活動,讓參與者可以在 micro:bit 教師的指導下玩微型遊戲:玩板球或練習舞蹈動作。來自 TeamArm 的志願者展示了他們的 micro:bit 心臟監測器,並且有一個大使團隊正在討論參觀者對 micro:bit 專案的想法。

PART 2

▼ micro:bit 開發方式

由於 micro:bit 是針對青少年學習程式設計而設計的一款學習工具，在開發軟體方面也有獨到的設計和考量。面對這樣一款設計小巧而功能強大的主機板，開發軟體並沒有採用傳統的程式設計語言，如 C、Arduino 等，而是採用了更簡單易懂的方式，增強學習者的興趣。

針對教育應用及不同年齡段的青少年兒童特點，micro:bit 使用圖形化程式設計與程式碼編寫相結合的方式。在小學或入門階段使用圖形化程式設計，在中學階段學生可使用 MicroPython 或者 Javascript 語言為主要開發工具，更進一步可以使用 C/C++ 程式設計。全部的開發過程都可透過網路完成，無需安裝任何軟體，為程式設計過程帶來更多便捷與趣味，深受學校教師與學生的喜愛。

這些優秀的特質，讓更多的青少年及非專業教師能夠輕鬆學習和掌握，用 micro:bit 實現自己的創意思維，讓大家更專注創造的過程，讓創造的過程越來越簡潔而愉悅。這些結果也正是開發 micro:bit 的真實目的，用小小的 micro:bit 承載所有致力於 STEAM 教育的工作者和青少年兒童遠大夢想將成為可能。在英國等西方國家，剛剛興起的以 micro:bit 為載體之數位創意活動中，已經形成很多成功的 STEAM 課程案例，值得我們參考和學習。

2.1 micro:bit 開發工具特色

使用 micro:bit 各種開發工具後,我們會發現這些程式設計軟體所呈現的特徵會與自己的個性具有一些共同性。可發現 micro:bit 在開發應用的進步,包括在開源硬體在教育需求及應用上。

2.1.1 線上程式設計共用平台

大多數開發工具都採用線上操作方式完成,程式設計結果可保留在雲端空間並能自主管理。線上程式設計也成為當前程式設計學習的主要方式,它省去安裝程式、程式升級以及本地安裝所帶來的時間浪費,也大大避免了很多因本地電腦軟硬體相容問題帶來的阻礙。

線上程式設計還可以透過平板電腦和手機進行程式設計,讓程式設計不再依賴於電腦,不再受到時間和場地的限制就可輕鬆完成,然後透過藍牙或者傳輸線下載到設備,感受程式設計活動過程的完美體驗。

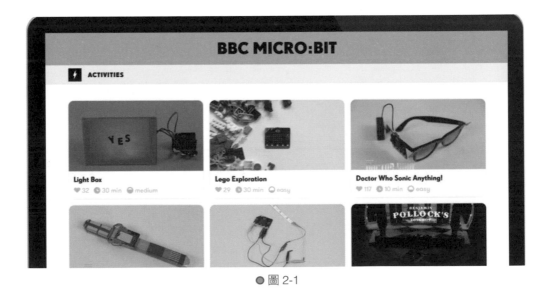

● 圖 2-1

2.1.2 >>> 圖形化程式設計方式

圖形化程式設計為大多數 micro:bit 配套的程式設計軟體，皆有圖形化程式設計方式可供選擇。各種軟體中圖示的使用方法和功能分類大同小異，使跨平台開發沒有任何障礙，讓更多的青少年兒童及非專業類教師更容易掌握 micro:bit 的程式設計方法。

圖形化程式設計是初學者學習程式設計的一個重要手段。在程式設計過程中，他們就像拼搭樂高積木一樣將程式圖示一個個組合起來，逐步建立程式結構，實現自己的設計思路從而完成創意過程。這種方式，小朋友都樂意接受和參與其中，也可激發與促進初學者對於程式設計學習產生興趣，達到寓教於樂的目的。

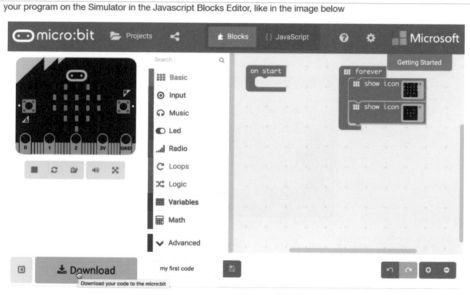

● 圖 2-2

2.1.3 >>> 模擬展示功能

程式設計結果藉由動畫模擬的展示會大大提高初學者的興趣和成就感，展示過程帶來的情景感染力讓他們樂此不疲。模擬事件的功能也成為程式設計過程檢驗的重要手段，它大大提高了初級開發者的速度和效率。

在各種開發軟體中，MakeCode 的模擬展示功能最完善。程式在運行過程中，除了能夠模擬 LED 的顯示外，還可以使用滑鼠代替手在按鍵上模擬各種動作，包括板卡的移位、翻轉，感測器、外接裝置的接線方式、聲音等都能夠真實模擬展示，程式中所涉及到的基本功能都可以模擬再現。

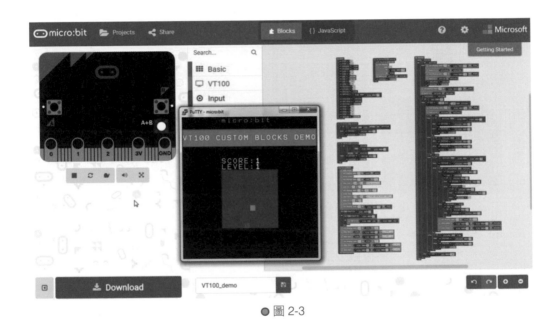

● 圖 2-3

2.1.4 >>> MicroPython 語言成為程式設計主流

在眾多的 micro:bit 程式設計軟體中，除微軟開發的 MakeCode 是基於 javascript 以外，很多開發工具都是使用 MicroPython 語言，例如 PythonEditor、MU（離線使用）、 Open Roberta Lab，它們都基於 MicroPython 核心。其功能的強大和語言的簡潔高效成為當前開源硬體開發的主流工具。

```
1   from microbit import *
2   import neopixel
3   from random import randint
4
5   total_pixels = 256
6   death_speed = 2
7   bright = 60
8
9   np = neopixel.NeoPixel(pin0, total_pixels)
10
11  np.clear()
12
13  def lowerer(pixel):
14      pixel = list(pixel)
15      for i in range(0, len(pixel)):
16          pixel[i] = max(0, pixel[i] - randint(1, 5))
17      return tuple(pixel)
18      #return pixel
19
20  def add_twinkle_pixel(pixels): #Add new twinkle pixel
21      r = randint(0, bright)
22      g = randint(0, bright)
23      b = randint(0, bright)
24      id = randint(0, total_pixels-1)
25      pixels[id] = (r, g, b)
26      return pixels
27
```

```
>>> MicroPython v1.6-11-gfa67b52 on 2016-02-01; micro:bit with nRF51822
Type "help()" for more information.
>>> print(button_a.is_pressed())
True
>>> while True:
...     if button_a.is_pressed():
...         display.show(Image.HAPPY)
...         sleep(1000)
...
...
...
```

● 圖 2-4

2.1.5 》》 圖形化與傳統程式設計方式結合

在兩個典型的程式設計軟體中（MakeCode、PythonEditor）我們可以看到，在圖形化程式設計時切換到程式碼編輯區，會出現相對應的程式碼；當圖形化程式修改時，相對應的程式碼也會自動做相應的修改。這個功能對初學程式設計的人來說是一個強大的支援，他們在圖形化開發應用的過程中，可以逐步學習掌握使用程式碼設計的基本方法，成為程式設計學習的新途徑。

2.2　micro:bit 常用的開發工具

micro:bit 最常用的程式設計工具有五種，分別是：MakeCode、PythonEditor、MU（MircoPython）、Open Roberta lab、Scratch X。

2.2.1 》》 MakeCode（JavaScript）

軟體網址：https://makecode.microbit.org

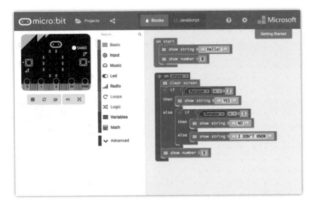

JavaScript 積木式程式編輯器（**PXT**）

Micro:bit 新版 JavaScript 編輯器加入許多新功能，像是點對點無線通訊（peer-to-peer radio），讓你在設計 micro:bit 程式時更簡單。此編輯器由MakeCode提供。

來寫個程式吧

官方參考文件

Lessons

● 圖 2-5

MakeCode 是微軟提供的 micro:bit 線上程式設計平台，支援圖形化和程式碼兩種程式設計方式，並輔以強大的模擬展示功能，介面友好、體驗完美。它是一款深受青少年兒童喜愛的程式設計學習平台，尤其是圖形化程式設計方式，幾乎不需要任何程式設計基礎便可完成簡單專案設計。

在眾多 micro:bit 開發工具中，MakeCode 是一款使用人數最多、評價也最高的開發工具，自上線以來不斷改進，功能日益完善，成為初學者入門的首選工具。

2.2.2 ⟫⟫⟫ PythonEditor（MicroPython）

軟體網址：http://python.microbit.org/

Python 程式編輯器

我們的 Python 程式編輯器非常棒，可以讓那些想要精進程式設計能力的人更上一層樓。像是程式片語快速選單、一堆預建的圖片、音樂供你使用，讓你在編程的路上更順暢無阻。 由全球Python社群所提供.

來寫個程式吧

官方參考文件

● 圖 2-6

PythonEditor 也是 micro:bit 官方推薦的兩大線上程式設計平台之一，它是 python 開源社群提供的。只要學習 MicroPython 語言的基本功能，便能掌握常用方法，進一步學習方可將 Mirco:Bit 的功能得到最大發揮，也是目前程式設計語言中效率最為顯著的開發工具。

Python 越來越受到學校資訊技術教學的青睞，除了因它自身所具有的優秀功能外，它的容易學習與容易掌握的特色，成為它受到教育關注的最重要原因。在物聯網和人工智慧高速發展的現階段，Python 將會受到更廣泛的重視和應用。

2.2.3 ⟫⟫⟫ MU（MircoPython）

MU 是 PythonEditor 的離線版。它的體積小、速度快、運行穩定，且支援多種作業系統。在網路不能覆蓋或者離線狀態下，讓快速程式設計 micro:bit 變為可能。MU 可以自動識別 micro:bit，帶有 REPL 交互調試器、支援語法高亮、程式碼提示、檔案傳輸等有用的功能，因此許多愛好者（特別是 Linux 下）在編寫複雜程式時都喜歡使用 MU，它是基於 MicroPython 語言的 micro:bit 最佳應用開發工具之一。

軟體網站： https://codewith.mu

● 圖 2-7

（圖片來源 https://atom.io/）

2.2.4 》》 Open Roberta lab

軟體網址：https://lab.open-roberta.org

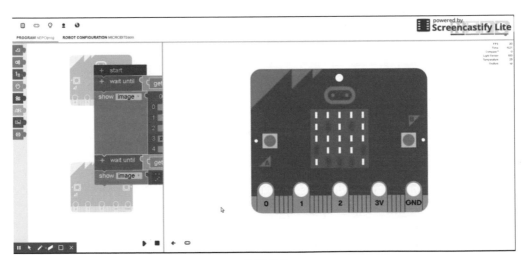

● 圖 2-8

（圖片來源 i.ytimg.com）

蘿貝塔開源實驗室（open roberta lab）是一個雲端整合程式設計環境，可供青少年兒童針對不同機器人系統輕鬆程式設計（包括 micro:bit）的線上平台。是一個完全開源的系統，由 Fraunhofer 研究院與德國谷歌合作共同開發完成，用以減少學生、教師和學校在機器人教育普及方面的障礙，推廣人工智慧學習的新途徑。

蘿貝塔開源實驗室也使用了 MicroPython 作為程式設計語言，同時也支援圖形化程式設計和模擬功能。值得推薦和嘗試使用！

2.2.5))) Scratch X

ScratchX 一直受到很多使用者的關注和期待，特別是已掌握 Scratch 使用方法的老師和學生，在他們初次使用這款軟體時幾乎是無縫銜接，能很快掌握 micro:bit 控制方法，快速獲得良好的應用體驗。

ScratchX 並非和 Scratch 完全一樣，它在基於 micro:bit 功能方面做了很多改進，目前雖然是線上程式設計平台，在使用之前還必須安裝本地用戶端程式，用來和硬體連線。

軟體網址：http://scratchx.org

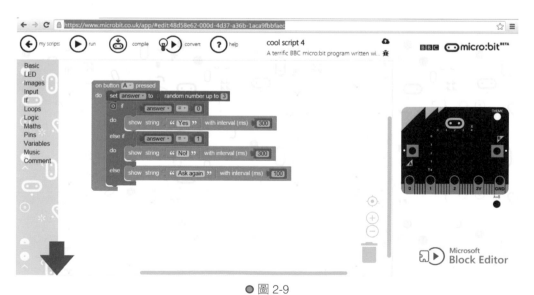

● 圖 2-9

（圖片來源 microbit.org）

2.3 micro:bit 各種開發工具比較

除 MakeCode、PythonEditor、OpenRoberta、ScratchX、MU 這五種常用軟體外，還有 Arduion、C/C++ 等軟體，這些對於具有一定程式設計能力的開發者同樣有良好的開發作用，這些軟體都具有哪些特點和優勢呢？以下從圖形化程式設計和程式碼設計兩個方面作測試對比。

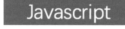

● 圖 2-10

2.3.1 》》》 圖形化程式設計功能對比

在專業開發人員使用及部分中小學教師課堂應用過程中，從對測試軟體 15 個方面的使用詳細比較，抽樣分析後得出此應用評測結果。從分析中看到以下四個軟體，mokecode、PythonEditor、Open Roberta 整體優勢明顯超過 ScratchX，並且綜合實力非常接近。其中，MakeCode 的表現略勝一籌處於領先，與實際使用結果一致。

BBC micro:bit	連線開發	離線開發	跨平台	使用簡單	需要安裝	全中文界面	連線速度快	支援藍芽	無線功能	手機程式開發	虛擬演示
MakeCode	V		V	V		V		V	V	V	V
PythonEditor	V	V	V	V		V	V		V		V
OpenRoberta	V		V	V					V		V
ScratchX	V	V			V		V				

2.3.2 ⟫ 程式碼設計功能對比

通過軟體功能和易用性十個方面的評價和對比不難發現，PythonEditor 在程式碼設計方面易用性超過所有參加對比軟體，功能表現超過 C/C+，評價最好。這也是近幾年來 python 受到開發者喜愛和教育關注的原因，它的使用層面極廣，是一款不可多得的優秀開發工具，也是程式設計學習得以更廣泛普及的優秀學習平台。

BBC micro:bit	執行速度	功能強弱	使用難度	外部感測器	浮點運算	相關軟體	開發方式	軟體安裝	模擬器
JavaScript	可	可	低	少	無	Make Code	連線	無	無
PythonEditor	可	強	低	多	有	多	多種	皆可	無
C/C++	快	強	高	多	有	多	多種	是	有
Arduino	快	可	高	多	有	Arduino IDE	本地	是	無

PART 3

▼MakeCode 圖形化程式開發

3.1 MakeCode 程式設計介面

MakeCode 是微軟為 micro:bit 開發的一款軟體，特別適合中小學的孩子及剛開始接觸程式的人使用，這款軟體能夠在你進入使用介面時就感受到親切感，沒有太複雜的功能表及命令列，非常簡潔卻又完整是它的特點。介面主要劃分為三個區域，由左至右分別為模擬展示區、圖形程式設計工具，選擇「程式積木 (block)」或「Javascipt」，右側會交替出現相應（圖形或程式碼）程式設計區。

進入 MakeCode：

在瀏覽器中輸入網址便可直接登入 MakeCode 介面。

軟體網址：https://MakeCodc.microbit.org/

●圖 3-1

一般情況下，MakeCode 可以自動識別使用者的語言，根據使用者語言顯示對應的介面。當我們第一次運行 MakeCode 時，在部分電腦上介面顯示的是英文，其實 MakeCode 是可支援多種語言的，我們只要按照下面方法操作，就可以切換到中文介面或者其他語言介面（目前還有部分內容沒有翻譯成中文）。

應用提示：

① 首先在右上角找到齒輪的按鈕（設定），點擊展開設定功能表。

② 在下拉式功能表中找到 Language（語言），點擊展開後就可以選擇所需語言。

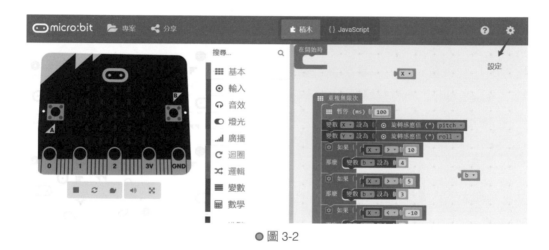

● 圖 3-2

● 圖 3-3

③ 語言選擇：這裡可以選擇你平常使用的語言。無論是英文、簡體中文、繁體
中文這裡都可以找得到，甚至日本語、義大利文都沒問題。

3.2 MakeCode 基本操作

3.2.1 ⟫⟫ 程式設計方式轉換按鈕

在程式設計主介面上方的中間，點擊圖示的按鈕可在圖形程式設計與程式碼設計間
切換。程式設計區便會出現相應的圖形程式設計區或程式碼設計區介面。

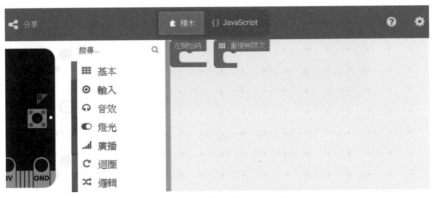

● 圖 3-4　在積木模式時的畫面

● 圖 3-5　在 JavaScript 模式時的畫面

3.2.2 〉〉模擬器按鈕

● 圖 3-6

○ 啟動、重啟、慢動作按鈕可以控制模擬展示的動作，同時，在點擊這三個按鈕時還會有意想不到的效果（展示區主機板會出現紅、藍、黃、綠的變化）。

○ 聲音按鈕可控制類比展示的聲音開或關。

○ 視窗放大功能會全螢幕展示模擬展示畫面，效果很震撼。

3.2.3 》》》 檔案名設定方法

● 圖 3-7

保存前在這裡設定自訂檔案名，否則系統會使用預設檔案名，建議每個檔定義不同的檔案名，以免覆蓋或不易識別檔案內容。

3.2.4 》》》 下載與儲存程式

● 圖 3-8

程式編輯完成後，將 micro:bit 用資料線與電腦連接，點擊「下載」按鈕或「儲存」
按鍵便可將程式下載到主機板，此時主機板上資料傳輸指示燈快閃直到資料傳輸完
畢至常亮狀態，同時跳出保存選項視窗可供選擇程式另存的位置，程式下載完畢即
可看到程式運行效果。

micro:bit 與電腦連接圖

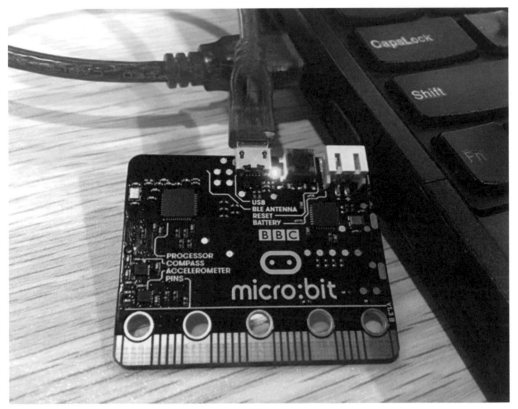

● 圖 3-9

（圖片來源 https://www.elecfreaks.com/）

3.2.5 》》程式專案分享流程

線上程式設計平台的重要功能之一是快捷的學習分享，我們可以將設計好的程式上傳到網路，和其他人分享和交流學習成果。方法是按下左上角的分享按鈕，就會出現下面操作提示。

先按下分享按鈕如下：

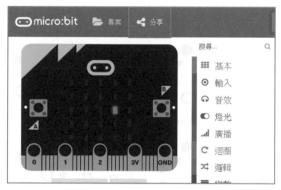

● 圖 3-10

辛苦寫的程式碼，因為智慧財產權的問題，系統還是會貼心的問一句，您是否要分享並發佈這個專案了呢？

● 圖 3-11

確定後就會分配一個位址，其他人使用這個位址就可以感受你程式的威力了。

● 圖 3-12

3.2.6 〉〉〉 入門指引

● 圖 3-13

在軟體的右上角可以找到上圖所示的入門指引學習按鈕，點擊進入可獲得圖形化程式設計入門學習教程，教程操作步驟詳盡，通過入門學習能掌握幾種基本模組的使用方法。建議初學者完成入門教程的學習。

3.3 ▷ 基本程式設計模組使用方法

MakeCode 使用 google 的 Blockly 內核，使用方法和 blockly 是一樣的，和 scratch 也非常相像。圖示模組使用方法和外觀與大多數圖形化程式設計軟體一致，這裡就不詳細介紹 MakeCode 的基本操作方法，重點介紹與 micro:bit 相關的程式設計模組使用技巧。

● 圖 3-14

● 圖 3-15

3.3.1 ▷▷ 在開始時和重複無限次

當我們新建一個專案時，程式設計區預設就會顯示兩個模組圖示：「在開始時」和「重複無限次」，這是最基本的兩個程式圖示。

● 圖 3-16

「在開始時」：

程式啟動後只執行一次，通常我們把初始化部分的功能放在這裡。

「重複無限次」（forever）：

代表程式不停地迴圈運行，我們需要將主程式放在這裡面。

3.3.2 >>> LED 矩陣顯示

micro:bit 帶有一個 5x5 的 LED 陣列，可以顯示數字、字母、符號、小圖案。顯示模組主要是控制這個 LED 陣列的顯示結果。它是 micro:bit 眾多功能模組中使用頻率較高的一個模組，也是顯示程式結果的重要方法和途徑。

3.3.2.1 顯示滾動文字

在 micro:bit LED 上實現滾動字幕是一件很有趣的事，操作起來也很簡單，只要把顯示字串（show string）模組拖放到「重複無限次」中，就可以不斷滾動顯示文字。

應用提示：

① 只能顯示英文字母、數字和符號，不支援中文。

② 滾動顯示要放入 "重複無限次" 模組才能迴圈滾動顯示。

● 圖 3-17

3.3.2.2 顯示數字

使用顯示數字（show number）模組可以顯示數字。

● 圖 3-18

應用提示：

數字設定超過 10 位數時會出現警示！

3.3.2.3 顯示圖案

用顯示圖案（show icon）模組可以顯示內建的小圖案，下面的例子中在小圖案與數字顯示之間使用了暫停（pause(ms)），這樣可以避免更新太快，看不清楚顯示內容。有興趣的讀者，也可以自己試看看。

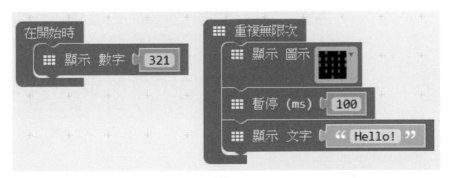

● 圖 3-19

應用提示：

① 一共有 40 種內建可以選擇。

② 在"顯示 圖示"的模組圖案視窗上點擊一下，就可以選擇需要的圖案。

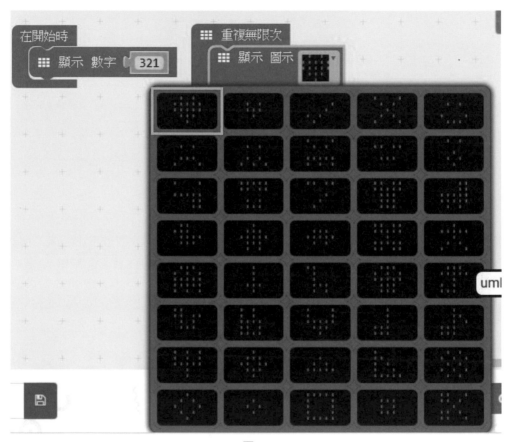

● 圖 3-20

3.3.2.4 顯示自訂圖案

雖然 MakeCode 內建了 40 種小圖案，但是也仍然無法滿足大家無限的創造力，所以 MakeCode 中也允許自訂圖案。使用顯示 LED（show leds）模組，就可以顯示自訂的圖案。操作時，用滑鼠點擊需要操作的那顆 LED，它的狀態就會改變（點亮或取消）。

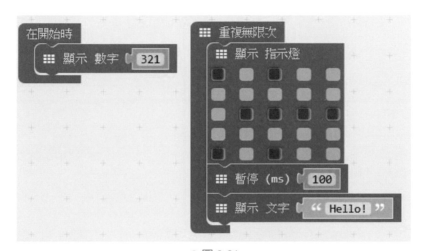

● 圖 3-21

應用提示：

每個圖案顯示暫停 100ms（0.1 秒），畫面便可清晰呈現，時間可隨意調整。

3.3.3 》》螢幕控制

除了顯示內建圖案和自訂圖案，micro:bic 還可以靈活地控制 LED 螢幕上的任意一個點，甚至可以控制亮度。可見這塊 5X5 的 LED 螢幕給學習和開發帶來很多樂趣，這也是其他開發板所不能做到的。

3.3.3.1 控制 LED 燈亮位置以及改變 LED 亮度

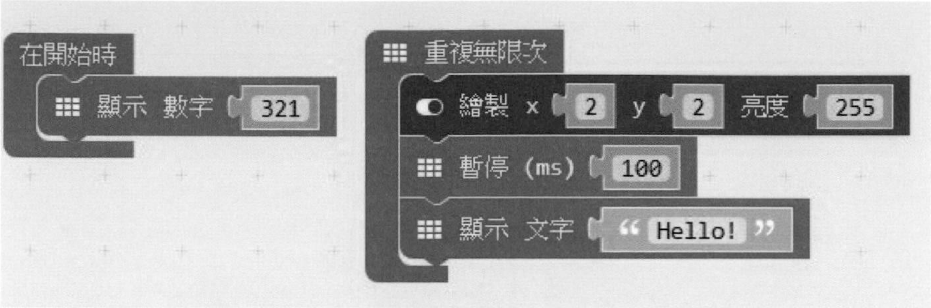

● 圖 3-22

應用提示：

這裡所控制的是（2, 2）這個位置的 LED，其中（2, 2）使用這種方式還可以控制更多數量的 LED。

3.3.3.2 呼吸燈效果

藉由迴圈去改變 LED 的亮度，可以實現呼吸燈的效果，當我們想讓呼吸燈呈現慢一些，可以將暫停的時間加長，這有點像傳統 C/C++ 的語法，"delay"，這樣可以把變化看得清楚一些，而且不用每次都下載到micro:bit板子就可以看到效果了喔！變數 item 設為 item 加 8，代表每次執行都要將 item 加 8，一直到 item 超過 255 就被設為 0，開始重來，這個方法就能控制整體 LED 的亮度了。

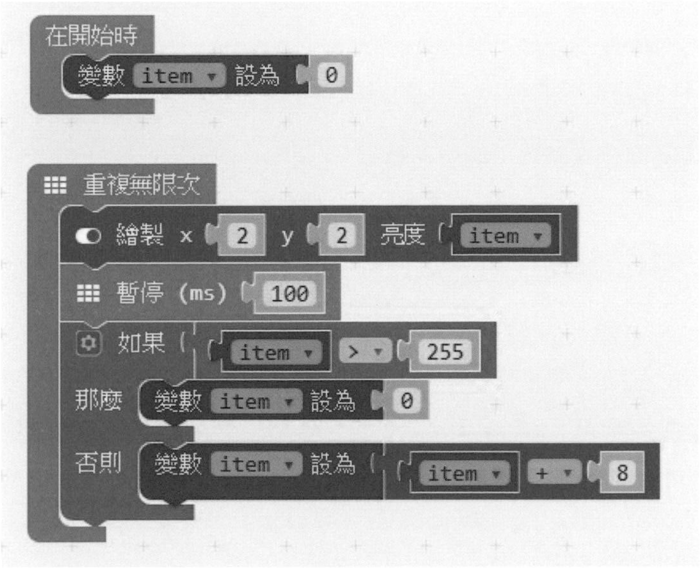

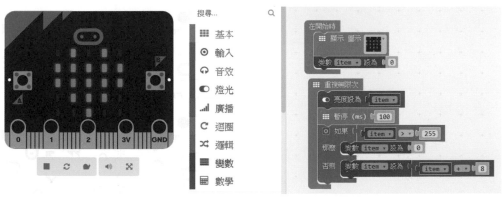

● 圖 3-23

應用提示：

藉由改變 item 變數的數值，配合暫停的積木，我們就可以製作暴閃燈、警示燈、標示燈、求救信號燈。

3.3.3.3 改變整個圖案的亮度（迴圈改變心形的亮度）

● 圖 3-24

應用提示：

① 單個 LED 亮度和整體亮度的控制方法是不一樣的。

② 燈的最大亮度值為 255，最小則為 0。

3.3.4 ⟫⟫ 按鍵設置

micro:bit 有 A 和 B 兩個按鍵，靈活使用這兩個按鍵，可以實現很多功能。按鍵的設置為後續的創意設計帶來方便，也帶來想像空間，節省了硬體安裝與程式設置的繁瑣過程。在 micro:bit 身上，這些小物件和感測器的加入，無疑是對學習者最好的支持，得以充分體現因教育而生的概念。

3.3.4.1 檢查按鍵狀態

我們可以隨時判斷按鍵的狀態，然後根據"按下"或"彈起"狀態去執行某些功能。下面程式中判斷 A 鍵是否按下，按下顯示大寫的"A"，否則彈起顯示小寫的"a"。

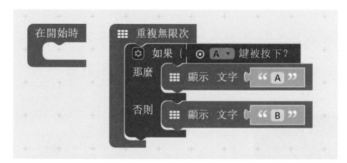

● 圖 3-25

應用提示：

① 可以檢測按鍵 A、B 或 A+B 等多種組合方式。

② 除了可以顯示字元，也可以執行其他功能。

③ 按鍵和其他感測器對應的模組都在左邊的輸入（input）分組下面。

3.3.4.2 按鍵事件

上面程式中是在需要的時候才去檢測按鍵，執行效率較低。如果當按下一個鍵時，自動去執行預先設定的功能，這種方式就稱為按鍵事件。

在下面的程式中，當我們按下"A"鍵時，螢幕顯示數字1，按下"B"鍵時，螢幕顯示數字2。

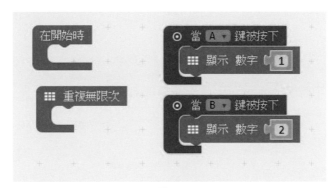

● 圖 3-26

應用提示：

請注意，按鍵事件是放在無限重複之外、相對獨立的。按鍵事件一直伴隨其他程式同時進行，通常也稱之為多工程式。

3.3.5 >>> 測量溫度

micro:bit 上帶有溫度感測器，我們可以方便地測量設備環境的溫度。下圖中，將溫度（temperature）和顯示數字（show number）模組組合起來，就是一個簡易溫度計，它會在螢幕上不斷地顯示溫度值。

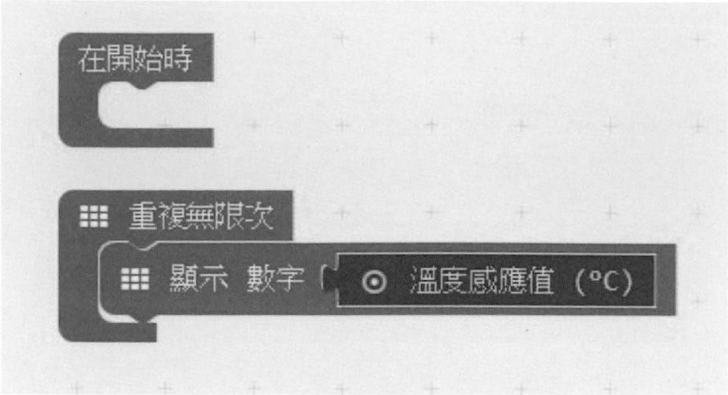

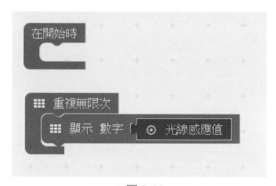

● 圖 3-27

應用提示：

環境溫度是一個整數，需要以數字方式顯示。

3.3.6 》》檢查光強度

micro:bit 的 LED 陣列，除了具有顯示功能，還可以作為光強感測器。下面程式中，顯示了光強度的等級，它的範圍是 0-255，0 代表最暗，255 代表最亮（需要注意這個光線強度感測器的精度不太高）。

● 圖 3-28

光強感測器是用來獲取環境光的強度，然後作為其他行為的依據。只顯示光強度可能並沒有太多意義，但是它可以配合其他功能一起使用。例如結合音樂，用光線強度控制頻率，就會顯得非常奇妙。

● 圖 3-29

應用提示：

這裡為了擴大聲音頻率的範圍，將光強度的數值乘以 5，大家可以試試其他組合或不同公式，會有更多有趣的發現。

3.3.7 加速度感測器

加速度感測器是能感受物體加速度並轉換成可用數位信號的感測器。micro:bit 帶有加速度感測器，它可以記錄運動過程中的相關資料，判斷運動方向、傾角、手勢。它可應用到汽車安全、遊戲控制、指南針傾斜校正、電子計步器、防震等，智慧手機、運動手環、汽車安全、GPS 導航及很多電子儀器都會用到。

方向說明：

請注意，加速度感測器相對 micro:bit 的方向如圖，LED 這面是 Z 軸的負方向，A 鍵是 X 軸的正方向，USB 是 Y 軸的正方向：

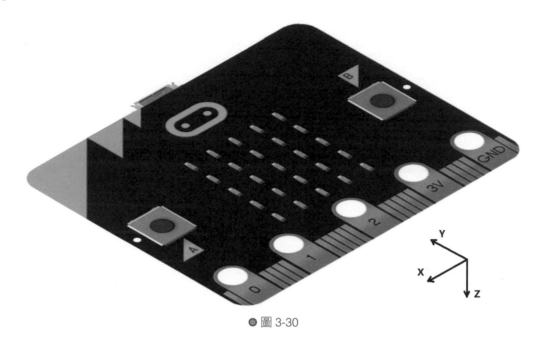

● 圖 3-30

下面使用加速度（acceleration）獲取 X 軸方向加速度感測器的參數，並顯示在螢幕上。當我們移動 micro:bit 時，資料就會發生變化。

● 圖 3-31

除了 X 軸，我們還可以獲取 Y 軸和 Z 軸的參數，甚至可以獲取 X、Y、Z 三個軸的綜合參數，這在某些應用中非常有用，比如測量震動。

3.3.7.1 測量傾斜度

加速度感測器還可以測量傾角，用旋轉（rotation）模組就可以測量旋轉的角度。它可以設定為 pitch 和 roll 兩種模式，分別測量 X 軸和 Y 軸的旋轉角度（傾斜度）。

● 圖 3-32

應用提示：

順時針方向是負數，逆時針方向是正數。

3.3.7.2 手勢識別及計步器應用

加速度感測器有一個重要功能就是可以進行手勢識別，或者說可以判斷一些特定的動作。

使用加速度感測器的晃動事件，可以非常容易的做出一個計步器。它的原理是當走路時，加速度感測器可以檢測到晃動，藉由識別晃動這個手勢，就可以在晃動事件中進行計數。當然這個計步器功能比較少，精度不太高，大家可以改進演算法，減少誤判斷、提高精度，甚至加入更多功能。

首先在"當開機時"將變數設定為 0，然後在晃動事件（on shake）中，將變數加一，並顯示出來。

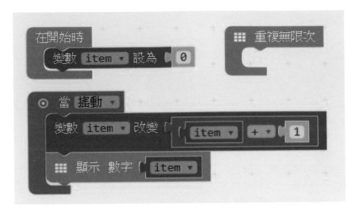

● 圖 3-33

應用提示：

① 可以透過按鍵事件將計數器歸零。

② 藉由時間和強度，識別走路和跑步。

3.3.8 》 磁場感測器

micro:bit 內建磁場感測器，可以用來檢測磁場方向和強度。磁場感測器的方向如圖所示：

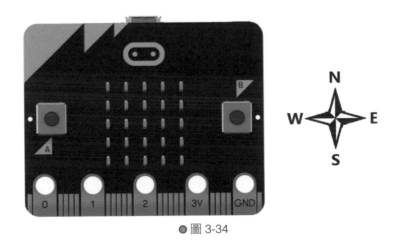

● 圖 3-34

利用磁場感測器，我們可以做一個指北針：

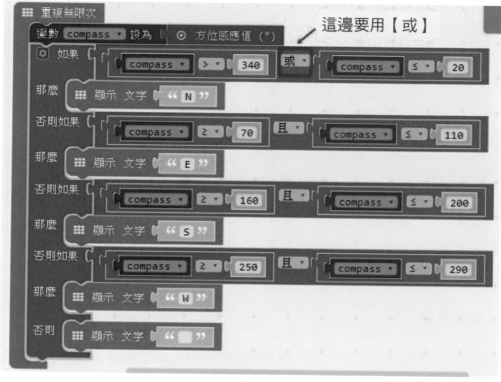

● 圖 3-35

（圖片來源：阿玉 micro:bit 研究區）

可以參考下圖，作為角度位置的考量。

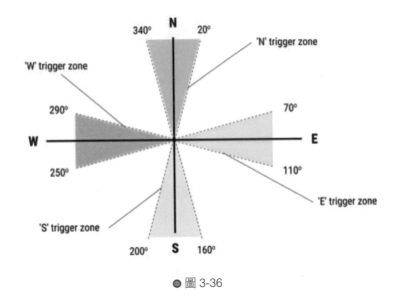

● 圖 3-36

應用提示：

① 每次下載指北針程式後，第一次運行時需要校正。等提示資訊顯示完後（draw a circle），就可以將 micro:bit 立起來，慢慢旋轉，等紅點畫滿整個圓圈後就完成了校正。

② 可以嘗試改為指南針。

3.3.9 ⟫⟫ 播放音樂

micro:bit 支援播放音樂，透過音樂模組，可以播放各種旋律、樂曲和聲調。音樂是通過 micro:bit 上的 pin0 播放，需要將 pin0 連接到蜂鳴器或喇叭，下圖說明如何播放內建的生日快樂歌曲旋律，積木旁邊有個下拉式箭頭，裡面還有多首內建的歌曲，可以任意選擇播放。

● 圖 3-37

3.3.9.1 連線方式

因為 micro:bit 不能直接發聲,所以我們需要將信號引出來,才可以播放音樂。

我們可以利用小夾子和導線將 pin0 和 GND 連接到蜂鳴器或喇叭上(請注意不要直接使用耳機,因為 micro:bit 上沒有音量控制,過大的音量容易對聽力造成損傷)。如果不方便連接蜂鳴器和喇叭,也可以使用本書後面介紹的電池擴展板,它上面帶有蜂鳴器,可以直接播放音樂。

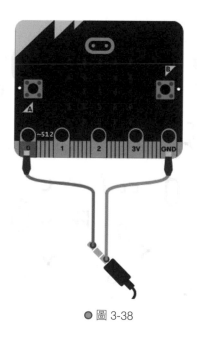

● 圖 3-38

MakeCode 中內建多首樂曲，播放旋律（start melody）模組可以播放內建的樂曲，還可以設置定播放一次或者重複播放。

3.3.9.2 音調播放

除了內建的音樂，我們也可以播放各種音調的聲音。

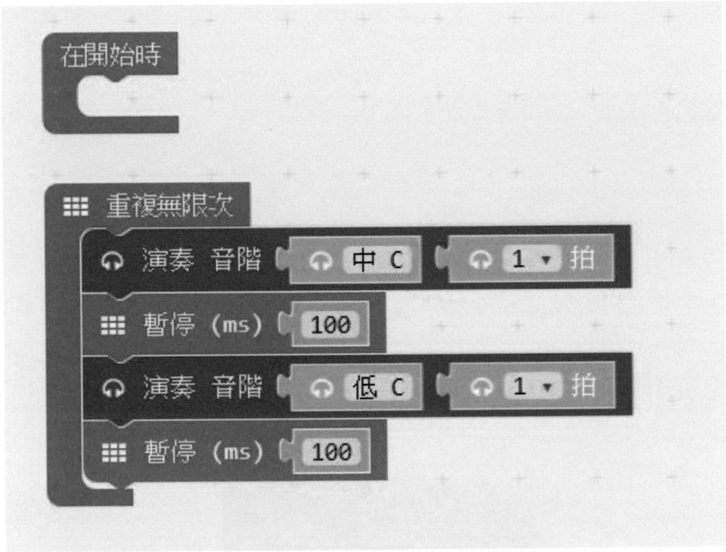

● 圖 3-39

3.3.10 ⟫⟫ 無線電通訊

無線通訊已經深入我們的生活，到處都可以看到無線通訊的應用。WIFI、手機都是使用無線通訊方式。

micro:bit 同樣支援無線通訊功能，使用無線（radio）模組，可以實現無線通訊。

下面程式展示出基本的無線功能使用方法。運行這個程式需要 2 塊或者更多的 micro:bit ，下載並運行程式後，按下一個 micro:bit 上的 A 鍵，數字會加一，並通過無線發送出去，其他 micro:bit 在收到這個資料後就會顯示出來。按下 B 鍵的功能是類似的，只是數字會減一。

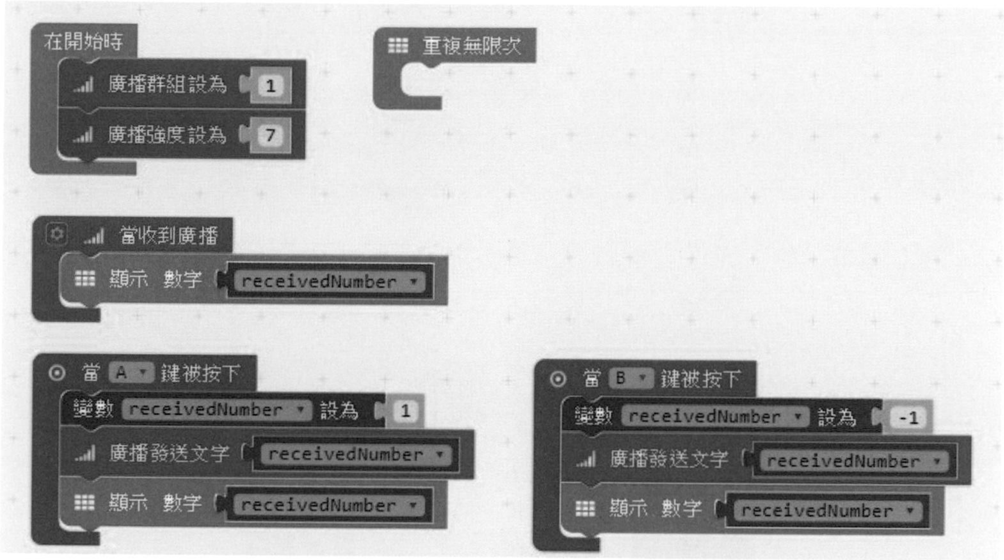

● 圖 3-40

無線通訊的基本方法：

① 適當設置無線分組（radio set group）可以減少干擾，只有相同組號的 micro:bit 之間才能互相通信。這個參數的範圍是 0-255。

② 設置無線發送功率（radio set transmit power），它的範圍是 0-7，數字越大，發送功率越高，通信距離也越遠，當然功耗也越高。

③ 發送數字（radio send number），透過無線方式發送數字。

④ 接收數字（on radio received），代表接收到資料的事件。

⑤ 除了發送數字，也可以發送字串。

3.3.11 >>> 藍牙通訊

micro:bit 模組，通常僅用於設備與行動裝置的資料傳輸。

操作方法：

① 使用藍牙功能，我們首先需要添加藍牙套裝軟體。在進階工具的最下面，選擇
　"添加套件"。在彈出的選擇框中，選擇"藍牙（bluetooth）"。

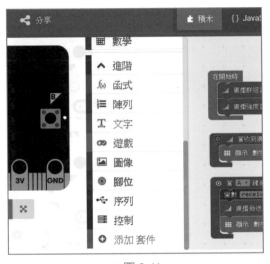

● 圖 3-41

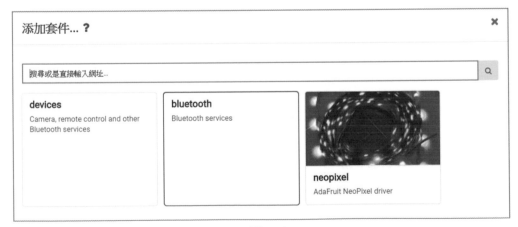

● 圖 3-42

② 選擇後，會彈出一個提示，警告 radio 和 bluetooth 套裝軟體不相容，不能同時使用，需要刪除 radio 然後添加藍牙。

某些套件將被移除

套件 radio 與 bluetooth 不相容。要移除 radio 並添加 bluetooth 嗎？

> 移除套件並添加 bluetooth ✔   取消 ✖

● 圖 3-43

③ 同意後，就會自動刪除無線（radio）套裝軟體，並添加藍牙（bluetooth）套裝軟體。

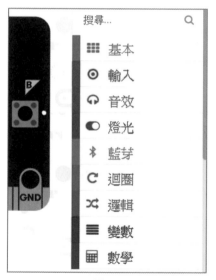

搜尋... 🔍

::: 基本
◉ 輸入
⌒ 音效
◐ 燈光
✳ 藍芽
C 迴圈
✕ 邏輯
≡ 變數
▦ 數學

● 圖 3-44

④ 藍牙模組不斷在更新功能，下圖是藍牙模組的部分功能，可以讓 micro:bit 收到訊號，然後在板子上顯示相關變數，藉此加強讀者們對藍芽的認知與學習。

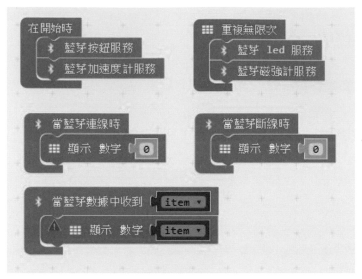

● 圖 3-45

應用提示：

藍牙需要和手機或者電腦程式配合使用，不能在 micro:bit 間通訊使用。

3.3.12 》》 無線和藍牙的比較

	無線	藍牙
和手機、電腦通信	否	是
需要手機 App	否	是
micro:bit 之間通信	是	否
難易程度	低	高

▼ PythonEditor

4.1 MicroPython 語言

前面介紹了用 MakeCode 圖形化程式設計的方法,這一章將介紹使用 MicroPython 程式碼設計的方法。

4.1.1 》》 MicroPython 的特點

● 圖 4-1

python 是目前最流行的程式設計語言之一,它的功能強大,廣泛應用在教育、網路、科學研究、人工智慧方面。MicroPython 是 python 語言的迷你版,繼承了 python 語言的主要特性,簡單易用。MicroPython 可以運行在多種嵌入式系統中,現在也移植到 micro:bit 上。

圖形化程式設計和 MicroPython 程式設計的比較如下：

	圖形化	MicroPython
難易度	非常簡單	容易
適合用戶	初學者、中小學生	高中學生、進階用戶
程式設計速度	快	快
程式設計基礎	零基礎	初步瞭解程式設計思想
程式設計語言瞭解	不需要	需要
功能	較強	強
支援功能	部分	全部
趣味性	好	好
擴展性	一般	好
編寫複雜程式	不適合	適合

4.1.2 >>> 程式設計軟體

使用 MicroPython 程式設計時，可以使用 PythonEditor 或者 MU 這兩個軟體，它們都支援多種作業系統（跨平台），可以很好的支援 MicroPython 語言。PythonEditor 無需安裝，只需要一個瀏覽器就能使用；MU 可以視為 PythonEditor 的離線版，需要先下載軟體。

PythonEditor 連接網址 (使用瀏覽器即可)：https://python.microbit.org/

MU 軟體下載 (可以離線使用)： https://codewith.mu

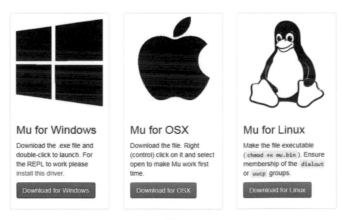

● 圖 4-2

4.1.3 Python 程式設計需要注意的問題

可能部分讀者還不瞭解 Python 語言，為了避免和其他語言混淆，下面列出幾個初學者容易忽略的問題。完整的教程讀者可以透過專門的 Python 教程或書籍進行學習。

- Python 語言是解釋性語言，不需要編譯就可以運行。
- 可以在互動式環境下運行和偵錯工具。
- 和 C 語言用 { } 定義程式碼不同，python 程式碼是藉由縮排定義的。
- 使用 # 字元進行程式碼註解。

4.2 文字顯示指令

顯示一般文字

書寫格式（PythonEditor 和 MU 都是相同格式）：

```
while True:#持續執行下面三行程式碼的迴圈
    display.scroll('Hello, World!')
    display.show(Image.HEART)
    sleep(2000)
```

下圖為在程式中顯示的效果，為避免浪費篇幅，筆者會視情況調整是否有程式視窗圖片給讀者參考。

PythonEditor 介面：按 "Download" 並選擇 "micro:bit 磁碟存入"，就可以運行了。

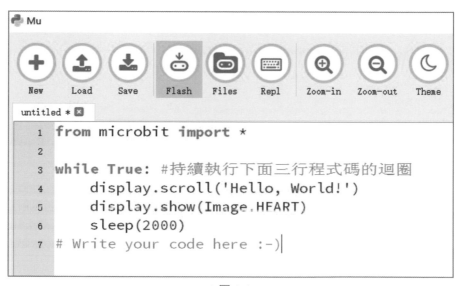

● 圖 4-3

MU 介面：按" Flash"，並且注意 micro:bit 已經插在電腦 USB 上，這樣就可以運行了喔。

```
from microbit import *

while True: #持續執行下面三行程式碼的迴圈
    display.scroll('Hello, World!')
    display.show(Image.HFART)
    sleep(2000)
# Write your code here :-)
```

● 圖 4-4

應用提示：

兩個命令的區別是 display.show() 一次顯示一個字母，而 display.scroll() 一次左移一列，實現滾動效果。

4.3 文字顯示控制

使用控制參數（這些參數可以組合使用）可以實現多種顯示效果。這部分對於 scroll() 和 show() 兩個函數是相同的：

① 控制顯示速度（延遲時間，數字越大，延遲時間愈長，速度越慢）

　書寫格式：display.show('Hello', delay=100)

② 迴圈顯示（預設只顯示一次）

　書寫格式：display.show('Hello', loop=True)

③ 後台顯示（不等待方式，預設情況需要等待顯示完成後才能執行後面的程式）

　書寫格式：display.show('Hello', wait=False)

④ 組合顯示（將多個參數組合起來。延時 100ms(0.1 秒)，迴圈方式，後台顯示）

　書寫格式：display.show('Hello', delay=100, loop=True, wait=False)

4.4 顯示圖案

4.4.1 >>> 顯示內建小圖案

系統內建了很多小圖案，可以方便的直接顯示。

下面程式碼顯示出一個笑臉。

書寫格式：display.show(Image.HAPPY)

內建小圖案清單（請注意，使用時圖案名稱前面需要加上 Image；大小寫要和系統內預設的一樣，例如：正確寫法 "HAPPY"，錯誤寫法 "happy"）：

HEART			
HEART_SMALL	HAPPY	SMILE	SAD
CONFUSED	ANGRY	ASLEEP	SURPRISED
SILLY	FABULOUS	MEH	YES
NO	CLOCK12	CLOCK1	CLOCK2
CLOCK3	CLOCK4	CLOCK5	CLOCK6
CLOCK7	CLOCK8	CLOCK9	CLOCK10
CLOCK11	ARROW_N	ARROW_NE	ARROW_E
ARROW_SE	ARROW_S	ARROW_SW	ARROW_W
ARROW_NW	TRIANGLE	TRIANGLE_LEFT	CHESSBOARD
DIAMOND	DIAMOND_SMALL	SQUARE	SQUARE_SMALL
RABBIT	COW	MUSIC_CROTCHET	MUSIC_QUAVER
MUSIC_QUAVERS	PITCHFORK	XMAS	PACMAN
TARGET	ALL_CLOCKS	ALL_ARROWS	TSHIRT
ROLLERSKATE	DUCK	HOUSE	TORTOISE
BUTTERFLY	STICKFIGURE	GHOST	SWORD
GIRAFFE	SKULL	UMBRELLA	SNAKE

4.4.2 顯示自訂圖案

除了內建的圖案，我們也可以顯示自訂的圖案。

顯示從上到下漸變圖案

書寫格式：display.show(Image('11111:22222:33333:44444:55555'))

定義自己的圖案時，需要用 Image('XXXXX:XXXXX:XXXXX:XXXXX:XXXXX') 這樣的格式。

因為 micro:bit 上有 25 個 LED，所以定義的格式就有 25 個數字，每個數字代表一個 LED。每五個數字一組，代表一行，每組數字之間用冒號隔開。每個數字可以是從 0-9 的任意數字，代表 LED 的亮度，0 代表不亮，9 代表最亮。

● 圖 4-5　MU 上的程式畫面

● 圖 4-6　PythonEditor 上的程式畫面

4.4.3 》》 顯示多個圖案

除了顯示單個圖案，也可以把多個圖案組合起來顯示，形成一個小動畫，如：

顯示大紅心和小紅心

書寫格式：display.show([Image.HEART,Image.HEART_SMALL])

MicroPython 中也內建了兩組圖案：

① Image.ALL_CLOCKS：時鐘

② Image.ALL_ARROWS：箭頭

4.4.4 》》 圖案顯示控制

圖案顯示同樣也支援使用參數進行控制，參數和文字顯示控制一樣。

書寫格式：display.show(Image.ALL_CLOCKS,wait=0,loop=1,delay=100)

這個命令顯示快速變化的時鐘，迴圈方式顯示，不等待模式。

● 圖 4-7　Mu 上的程式碼畫面

● 圖 4-8　PythonEditor 上的程式畫面

4.5　播放音樂

在 MicroPython 中，同樣使用 pin0 控制播放音樂。連線方式可以參考前面 MakeCode 部分的說明。

4.5.1　內建音樂

播放音樂前，我們需要先導入 music 庫，然後使用 play 函數就可以播放內建的音樂。

書寫格式：

```
import music
music.play(music.NYAN)
```

在 MicroPython 中，內建多首經典樂曲和旋律：

DADADADUM	ENTERTAINER		
PRELUDE	ODE	NYAN	RINGTONE

FUNK	BLUES	BIRTHDAY	WEDDING
FUNERAL	PUNCHLINE	PYTHON	BADDY
CHASE	BA_DING	WAWAWAWAA	JUMP_UP
JUMP_DOWN	POWER_UP	POWER_DOWN	

4.5.2 》》》 音樂播放控制

我們可以使用 wait 和 loop 兩個參數控制音樂播放（參數含義和文字顯示部分相同）。

迴圈，不等待（後台播放）方式

書寫格式：music.play(music.NYAN, loop=1, wait=0)

Loop 如果等於 1，音樂會重覆播放，Wait 如果等於 0，則程式會不等待，從後台播放。

4.5.3 》》》 自訂音樂

除了內建音樂，我們也可以自己編曲，例如：

給愛麗絲

書寫格式：

```
import music
# FurFlise
music.set_tempo(ticks=16, bpm=125)
tune = ['R5:2', 'E6:8', 'D#', 'E', 'D#', 'E', 'B5', 'D6', 'C', 'A5:24', 'R:2',
        'C:8', 'E', 'A', 'B:24', 'R:2', 'E:8', 'G#', 'B', 'C6:24', 'R5:2',
        'E:8', 'E6', 'D#', 'E', 'D#', 'E', 'B5', 'D6', 'C', 'A5:24', 'R:2',
        'C:8', 'E', 'A', 'B:24', 'R:2', 'D:8', 'C6', 'B5', 'A:32']
music.play(tune)
```

書寫格式：

```
import music
# Greensle
music.set_tempo(ticks=16, bpm=140)
tune = ['R5:2', 'G:16', 'A#:32', 'C6:16', 'D:24', 'D#:8', 'D:16', 'C:32',
        'A5:16', 'F:24', 'G:8', 'A:16', 'A#:32', 'G:16', 'G:24', 'F:8', 'G:16',
        'A:32', 'F:16', 'D:32', 'G:16', 'A#:32', 'C6:16', 'D:24', 'E:8', 'D:16',
        'C:32', 'A5:16', 'F:24', 'G:8', 'A:16', 'A#:24', 'A:8', 'G:16', 'F#:24',
        'E:8', 'F#:16', 'G:32']
music.play(tune)
```

書寫格式：

```
import music
# MoonRive
music.set_tempo(ticks=16, bpm=90)
tune = ['G5:32', 'D6:12', 'C:24', 'B5', 'A:6', 'G:8', 'F', 'G:32', 'B:24',
        'A:8', 'G', 'F', 'G:32', 'E:12', 'D:48', 'R:16', 'D:8', 'C:32', 'G:16',
        'E:24', 'D:8', 'C:48', 'G:16', 'E:24', 'D:12', 'C', 'E:16', 'G', 'C6',
        'B5', 'A:8', 'B:16', 'A', 'G:12', 'A:48']
music.play(tune)
```

書寫格式：

```
import music
# SWEnd
music.set_tempo(ticks=16, bpm=225)
tune = ['C5:32', 'F:64', 'G:48', 'G#:8', 'A#', 'G#:64', 'C:48', 'C:16', 'F:48',
        'G:16', 'G#', 'C', 'G#:12', 'C', 'C6:8', 'A#5:96', 'C:32', 'F:48',
        'G:16', 'G#:24', 'F:8', 'C6:24', 'G#5:8', 'F6:64', 'F5:32', 'G#:12',
```

```
        'G', 'F:8', 'C6:32', 'C:12', 'G#5', 'F:8', 'C:32', 'C:12', 'C', 'C:8',
        'F:32', 'F:12', 'F', 'F:8', 'F:32']
music.play(tune)
```

書寫格式：

```
import music
# 超人
music.set_tempo(ticks=16, bpm=200)
tune = ['D5:8', 'D', 'D', 'G:12', 'R6:4', 'G5:8', 'D6:32', 'R:8', 'D', 'E',
        'D', 'C', 'D:64', 'R:8', 'D5', 'D', 'D', 'G:12', 'R6:4', 'G5:8',
        'D6:32', 'D:8', 'D', 'E', 'C', 'G5', 'E6', 'D:48', 'R:16', 'G5:8', 'G',
        'G', 'F#6:48', 'D:24', 'G5:8', 'G', 'G', 'F#6:48', 'D:24', 'G5:8', 'G',
        'G', 'F#6', 'E', 'F#', 'G:48', 'G5:8', 'G', 'G', 'G:48']
music.play(tune)
```

4.5.4 〉〉〉 音調指令

除了用 music.play() 播放樂曲，還可以用 music.pitch() 控制播放指定頻率的聲音。

以 220Hz 頻率，播放 500ms

書寫格式：

```
music.pitch(220, 500)
```

用迴圈控制發出變調的聲音

書寫格式：

```
for i in range(10):
```

```
    music.pitch(i*20+400, 50)
```

警報聲

書寫格式：

```
while True:
for freq in range(880, 1760, 16):
    music.pitch(freq, 10)
```

4.5.5 》》 停止音樂

使用下面函數可以停止任何正在播放的聲音（主要是針對後台播放時）。

書寫格式：

```
music.stop()
```

4.6 語音功能

語音是 MicroPython 中特別有趣的一個功能，它需要用到 speech 庫。使用語音功能時，同樣需要將蜂鳴器或音箱連接到 pin0。

4.6.1 》》 說話指令

除了播放 midi 音樂，micro:bit 還可以說話，很神奇吧！

書寫格式：

```
import speech

speech.say("Hello, World")
speech.say("12345")
```

4.6.2 >>> 朗讀和唱歌指令

使用 speech 模組的 pronounce() 函數可以朗讀，sing() 函數可以唱歌（雖然有點難聽）。

書寫格式：

```
import speech
from microbit import sleep

# The say method attempts to convert English into phonemes.
speech.say("I can sing!")
sleep(1000)
speech.say("Listen to me!")
sleep(1000)

# Clearing the throat requires the use of phonemes. Changing
# the pitch and speed also helps create the right effect.
speech.pronounce("AEAE/HAEMM", pitch=200, speed=100)  # Ahem
sleep(1000)

# Singing requires a phoneme with an annotated pitch for each syllable.
solfa = [
    "#115DOWWWWWW",    # Doh
```

```
    "#103REYYYYYY",   # Re
    "#94MIYYYYYY",    # Mi
    "#88FAOAOAOAOR",  # Fa
    "#78SOHWWWWW",    # Soh
    "#70LAOAOAOAOR",  # La
    "#62TIYYYYYY",    # Ti
    "#58DOWWWWWW",    # Doh
]


# Sing the scale ascending in pitch.
song = ''.join(solfa)
speech.sing(song, speed=100)
# Reverse the list of syllables.
solfa.reverse()
song = ''.join(solfa)
# Sing the scale descending in pitch.
speech.sing(song, speed=100)
```

4.7 加速度感測器

書寫格式：

```
# 獲取 X、Y、Z 軸的感測器資料
accelerometer.get_x()
accelerometer.get_y()
accelerometer.get_z()


# 同時獲取三個軸的參數
```

```
accelerometer.get_values()


# 連續獲取加速度感測器參數
while True:
        accelerometer.get_values()
        sleep(500)
```

4.7.1 》》 手勢識別

手勢識別，也稱為動作識別。利用加速度感測器可以進行簡單的手勢識別，目前
MicroPython 支援下列手勢：

- 上
- 下
- 左
- 右
- 搖晃
- 朝上
- 朝下
- 自由落體
- 3g
- 6g
- 8g

使用 accelerometer.current_gesture() 可以獲取當前的手勢，不過目前的韌體在檢測
手勢時還存在一些問題，容易出現識別不準確的問題。

下面是使用手勢識別功能做的小遊戲，只要搖一搖，就可以隨機顯示 0-9 之間的數
字。

書寫格式：

```
from microbit import *
import random


# 預設顯示數字 0
display.show('0')
while True:
sleep(500)
if accelerometer.is_gesture("shake"):
    display.show(str(random.randrange(0, 9)))
```

我們可以不使用 accelerometer.current_gesture() 函數，自己對原始資料進行判斷。例如，針對上面的例子，我們可以 X 和 Y 軸參數的變化範圍，判斷是否發生晃動。

書寫格式：

```
from microbit import *
import random


display.show('0')
x0 = accelerometer.get_x()
y0 = accelerometer.get_y()
while True:
sleep(500)
x1 = accelerometer.get_x()
y1 = accelerometer.get_y()
if abs(x0-x1)>500 or abs(y0-y1)>500:
    display.show(str(random.randrange(0, 9)))
x0=x1
```

```
y0=y1
```

各種手勢的識別就是將一組加速度的資料透過各種演算法判斷出來的。

4.8 磁場感測器

磁場感測器可以透過下面函數讀取：

書寫格式：

```
compass.heading()
```

讀取磁場方向：範圍是 0-359°，0° 代表正北方。

書寫格式：

```
compass.get_field_strength()
```

讀取磁場強度

使用 MicroPython 做指北針非常容易，只要幾行程式碼就可以用時鐘指示 12 個方向，比前面 MakeCode 的例子精度高（第一次運行時同樣需要校正，方法和 MakeCode 部分一樣）。

書寫格式：

```
from microbit import *


# Try to keep the needle pointed in (roughly) the correct direction
```

```
while True:
    sleep(100)
    needle = ((15 - compass.heading()) // 30) % 12
    display.show(Image.ALL_CLOCKS[needle])
```

4.9 溫度感測器

使用 temperature() 函數可以讀取環境溫度,我們可以將它先轉換為字串,然後在 LED 上顯示:

簡易溫度計

書寫格式:

```
while True:
    T = temperature()
    display.scroll(str(T))
```

4.10 I/O 口

microbit 上有多個 I/O 口,它們可以作為數位輸入、數位輸出、PWM 輸出、類比信號輸入、SPI、I2C 等功能。

I/O 口的名稱是 pin0、pin1……pin20(請注意沒有 pin17 和 pin18),我們需要透過它們執行下面的功能。

4.10.1 >>> I/O 口說明

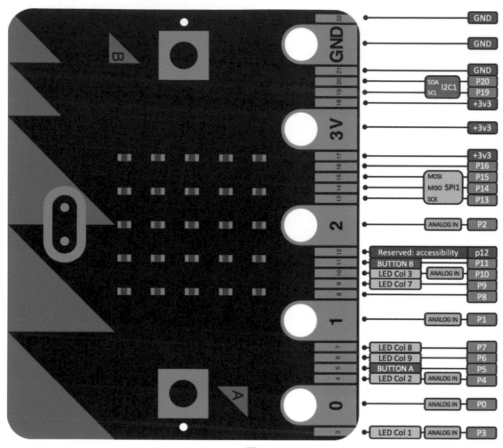

● 圖 4-9

引腳特殊功能表如下：

Pin	特殊功能	Pin	特殊功能	Pin	特殊功能
0	類比輸入、音樂	7		14	SPI MISO
1	模擬輸入	8	。	15	SPI SCK
2	模擬輸入	9		16	。
3	模擬輸入	10	模擬輸入	19	I2C SCL
4	模擬輸入	11	按鍵 B	20	I2C SDA
5	按鍵 A	12	。		
6		13	SPI MOSI		

4.10.2))) 輸出高低電位

設定輸出電位

書寫格式：

```
pin1.write_digital(value)
```

pin 可以是上面說的任意一個 I/O 口，value 可以是 0/1，或者 False/True。

4.10.3))) 讀取輸入電位

讀取外部輸入的電位

書寫格式：

```
pin1.read_digital()
```

4.10.4))) 輸出 PWM

micro:bit 上的每個 I/O 口都可以作為 PWM 輸出（PWM 輸出可以用來控制電機轉速、燈的亮度等），它的用法如下（以 pin0 為例）：

書寫格式：

```
pin0.write_analog(512)
```

參數的範圍是 0-1023，如果用電壓表，我們可以在 pin0 上測量到 1.6V 左右電壓（假設使用 usb 供電，用電池供電時電壓會稍低一些）。

4.10.5 讀取類比輸入

micro:bit 的 I/O 口中，只有 6 個支援類比信號的輸入。它們分別是：

- pin0
- pin1
- pin2
- pin3
- pin4
- pin10

我們可以用這幾個 I/O 口讀取類比信號，如電池電壓、電位器、類比感測器等。例如用 pin2 讀取一節 AA 電池的電壓：

書寫格式：

```
batV = pin2.read_analog()
display.scroll(str(batV))
```

轉換結果是 0-1023 之間的整數，對應 0-3.3V。請注意類比信號的電壓不能超過系統內部電壓，也就是金手指上 3V 的 I/O 口上電壓，USB 供電時通常是 3.3V，電池供電時一般是 3V。

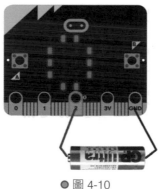

● 圖 4-10

4.11 檔案系統指令

MicroPython 支援檔案系統，我們可以在這個檔案系統中建立或刪除檔案、保存資料、讀取資料，和標準 python 類似。只是這個檔案系統的空間比較小，只有 8K 位元組，因此不能儲存太大的檔案。

① 建立文件

　　書寫格式：

```
f = open('my.db', 'w')
f.write('123')
f.close()
```

② 讀取文件

　　書寫格式：

```
f = open('my.db', 'r')
f.read()
f.close()
```

③ 文件列表

　　書寫格式：

```
import os
os.listdir()
```

④ 刪除檔

　　書寫格式：

```
import os
os.remove('filename.txt')
```

⑤ 文件大小

書寫格式：

```
import os
file_size = os.size('a_big_file.txt')
```

4.12　NEOPIXEL 彩色 LED 控制

NeoPixel 彩色 LED 是現在常用的一種 LED，它內部帶有控制晶片，可以容易的串聯控制，顯示各種顏色。它能夠做成各種形狀（如環形、矩陣、燈條、曲面螢幕），廣泛用在 DIY、室外裝飾、電子螢幕、佈景中。

● 圖 4-11

● 圖 4-12

● 圖 4-13

● 圖 4-14

在 MicroPython 中控制彩色 LED 非常容易,按照下面幾個步驟,就可以驅動:

① 導入 neopixel 模組。

```
import neopixel
```

② 定義 neopixel 物件,參數是控制用的 I/O 口和 LED 數量。

```
np = neopixel.NeoPixel(pin0, 8)
```

③ 設定每個 LED 的顏色,顏色是用 RGB 方式表示,每個顏色的範圍是 0-255。

```
# 設定第 一 個彩色 LED 的值
np[0] = (255, 0, 0)

# 設定倒數第一個彩色 LED
np[-1] = (255, 0, 255)
```

④ 最後呼叫 show() 函數更新顯示。

```
np.show()
```

下面例子為展示用 microbit 控制環形 LED 彩色 LED（一共 24 個），實現旋轉變化的效果。使用 pin1 進行控制。

```
from microbit import *
import neopixel
import random

# 使用 pin1 控制 24 個彩色 LED
np = neopixel.NeoPixel(pin1, 24)
while True:
# LED 彩色 LED 移動
for i in range(0, len(np)-1):
np[i] = np[i + 1]

# 設置新的 LED 顏色
np[-1] = (random.randint(0,30), random.randint(0,30), random.randint(0,30))

# 更新彩色 LED
np.show()
sleep(100)
```

4.13 > I2C 介面

在 microbit 中，I2C 介面使用 pin19/pin20，它們分別對應 I2C 的 SCL/SDA 信號。

MicroPython 中為 I2C 提供了 2 個函數，用於資料的讀寫，可以適合大部分 I2C 介面的感測器。

① i2c.write(ADDR, buf)

② i2c.read(ADDR, num)

參數說明：

① ADDR 代表 I2C 感測器的硬體位址，不同感測器的硬體位址是不同的。

② buf 參數是 bytearray 類型，存放需要發送的命令和資料。

③ num 是大於 0 的整數，代表需要讀取的資料數量。

④ i2c.read() 函數返回值是 bytearray 類型。

I2C 介面的用法請參考第 5 章的氣壓 / 溫度計小節。

SPI 介面的用法和 I2C 類似，只是使用的 I/O 口不同，因此就不單獨介紹了。

micro:bit 程式創意應用案例

5.1 MakeCode_ 金屬探測器

★ 活動主題。

用 MakeCode 作一個金屬探測器。

★ 活動目標

學習地磁感測器的使用方法，使用 micro:bit 製作一個磁性金屬物體探測器。

★ 知識技能

在安全領域，可以探測隨身攜帶或隱藏的武器與作案工具；在考古方面，可以探測埋藏金屬物品的古墓，找到古墓中的金銀財寶與首飾或其他金屬製品；在工程中，可用於探測地下金屬埋設物。在礦產勘探中，可用來檢測和發現自然金顆粒；工業上，可用於線上監測，如去掉棉花、煤炭、食品中的金屬雜物等。

micro:bit 上的磁場感測器很靈敏，帶有磁性的物體和金屬會對感測器產生影響。利用這個特性我們可以做一個磁性金屬物體探測器。

★ 實作過程

1、案例來源：

根據以下網站的教程，使用 MakeCode 進行程式設計，我們做了一些改進。

http://www.brooke.norfolk.sch.uk/microbit-space-launch-lesson-8-metal-detector/

2、功能介紹：

- 如果先按下 A 鍵，然後再上電，會重新校正磁場感測器。
- 在主程式中，不斷檢測磁場強度，並用 LED 光柱顯示，光柱越高，代表磁場強度越大。
- 如果磁場強度大於預設門檻（程式中設定為 200），將用聲音發出提示。

3、程式設計：

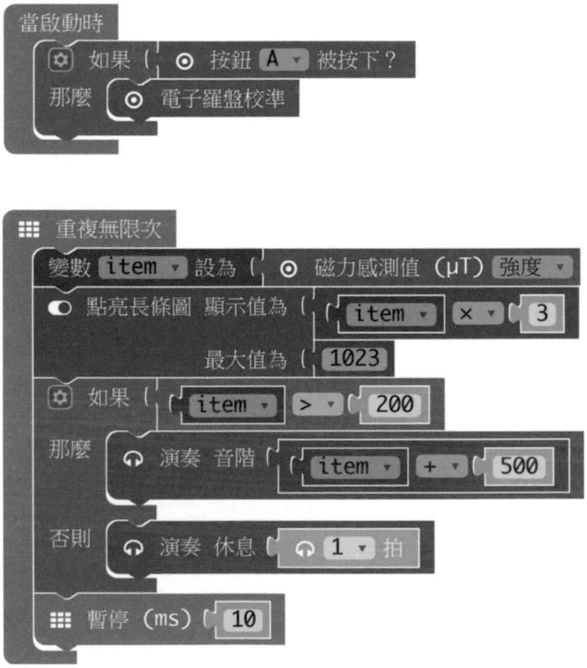

● 圖 5-1

4、操作提示：

◎ 第一次運行時會提示需要畫圓圈校正感測器（Draw a circle）。

◎ 這個例子配合使用電池擴展板會很方便，不會受 USB 線影響。

◎ 這個例子已經在 MakeCode 網站上進行分享，大家可以直接執行：
https://makecode.microbit.org/_TmeXzKL7P2JD。

★ 創意拓展

◎ 選擇幾種生活中的磁性材料和非磁性材料，透過金屬探測器的資料取得分析材料間品質的關係。

◎ 瞭解磁性金屬探測器的應用領域，思考如何將你製作的磁性金屬探測器改裝成一個新用途的檢測儀器。

5.2 ▶ MakeCode_ 用 micro:bit 玩剪刀石頭布

★ 活動主題

用 micro:bit 來玩剪刀石頭布，體驗寫程式對戰樂趣。

★ 活動目標

利用大家耳熟能詳的剪刀石頭布遊戲，讓同學間練習寫程式，以共同互動的方式去玩 micro:bit，讓孩子們對寫程式產生團隊合作與互動，引發興趣。

★ 知識技能

這個實驗需要每個人擁有一片 micro:bit、電池座和 2 顆 3 號電池、膠帶（如果你想要另一種顏色，可能是 2 卷甚至更多），還有每個人可以根據自己的喜好畫上喜歡的剪刀、石頭及布的圖案。本實驗可以結合孩子動手做及寫程式的樂趣。

★ 實作過程

步驟一：

剪下兩段 25-30 公分長的膠帶，再剪一小段用膠帶背面做成你手腕的大小（如圖 5-2 方式）。請記得是反過來，需要一點小技巧哦！

● 圖 5-2

步驟二：

將膠帶繞一圈，並且把你的 micro:bit 放在正中心，最後戴在手上會剛好在手腕正上方。

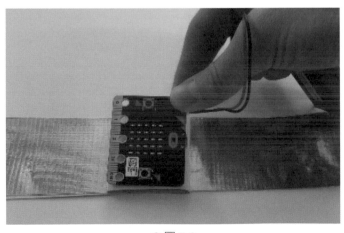

● 圖 5-3

步驟三：

將電池盒黏在 micro:bit 下方，這樣看起來會像一隻手錶，最後戴在手腕上。

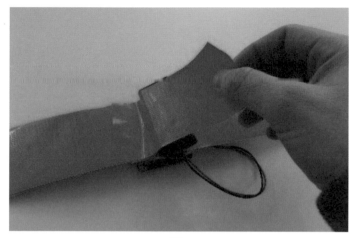

◉圖 5-4

步驟四：

裝飾一下你的武器吧！貼上閃亮的貼紙或其他裝飾配件。

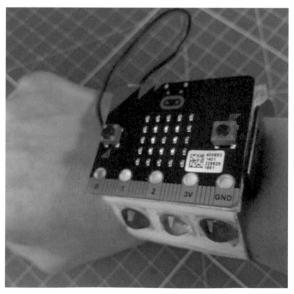

◉圖 5-5

步驟五：

先在 MakeCode 上找到 "搖動" 積木，然後將 tool 先設為變數，並且作一個隨機取數，賦予 tool 變數一個值；

當 tool 為 "0" 時，我們畫出一個像 "布" 的圖案，讓 micro:bit 顯示出來；

當 tool 為 "1" 時，我們畫出一個像 "石頭" 的圖案，讓 micro:bit 顯示出來；

當 tool 為 "2" 時，我們畫出一個像 "剪刀" 的圖案，讓 micro:bit 顯示出來；

這樣一來，當我們在搖動 micro:bit 時，它就會根據每次搖動，產生一個新的 tool 數值。這個數值是隨機的，就像每個人出剪刀石頭布，也是隨機的意思相同。透過這種方式，我們就可以模擬真正的剪刀石頭布遊戲了，這樣是不是很好玩呢？趕緊加入對戰行列吧！下圖是筆者準備的一個程式積木示意圖，如果不知道怎麼寫這個程式，也可以參考下圖。

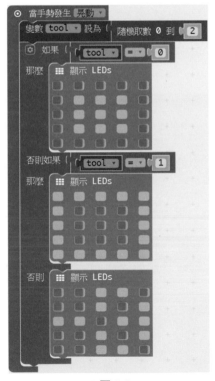

● 圖 5-6

★ 創意拓展

○ 試著將你的剪刀、石頭、布的圖案換一下造型，學習如何用 LED 畫圖。

○ 將搖動後才能產生剪刀、石頭及布的方式換成每按下 "A" 按鍵一次，就能變一個新的圖案。

5.3 MakeCode_ 製作水平儀

★ 活動主題

用 MakeCode 製作水平儀。

★ 活動目標

利用 micro:bit 上的加速度感測器製作水平儀，掌握加速度感測器的多種使用方法。

★ 知識技能

加速度感測器應用 X、Y、Z 三軸的資料變化瞭解物體的運動形態。在汽車、航空、電子、運動等領域應用廣泛，並且還在繼續發展和延伸應用。

水準儀在我們日常生活中也經常用到，擺放傢俱用品、牆上掛畫、攝影等都會用到，在工業生產和汽車等行業就應用更多啦！

加速度感測器除了可以測運動狀態、手勢，也可以測量傾斜角度。如果我們同時測量 X 軸和 Y 軸的傾斜角度，並根據傾角大小來控制螢幕中心 LED 的位置，就可以實現水平儀的功能。

實作過程

程式設計：

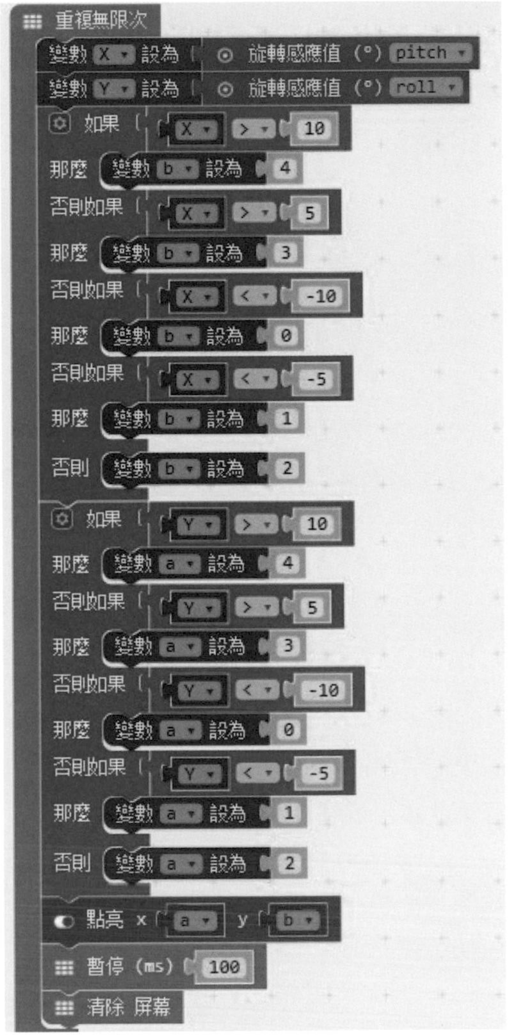

● 圖 5-7

★ 創意拓展

○ 如何用加速度感測器測試運動方向？

○ 識別靜止、走路、跑步的狀態。

○ 測試自由落體、拋物、翻轉等運動的感測器參數，使用無線方式發送接收，描繪曲線。

5.4 MakeCode_ 用 micro:bit 變個小魔術吧！

★ 活動主題

用你的 micro:bit 變個小魔術吧！

★ 活動目標

藉由魔術結合 AB 輸入按鍵及磁力探測小技巧的方式來玩 micro:bit，讓孩子們對程式開發應用產生更深刻的想法及應用拓展。

★ 知識技能

這個試驗需要一片 micro:bit 、一個小磁鐵（用冰箱上的磁鐵即可），以及寫上 A、B 的標籤各一張，然後在 makecode 上寫出程式。

正常狀態時，按下 A 按鈕 LED 矩陣上會顯示文字 "A"，按下 B 按鈕 LED 矩陣上會顯示文字 "B"。

接下來玩家們對調 A、B 按鈕上的標籤，然後把磁鐵藏在手指下讓 micro:bit 感測到磁力值。當感應到磁力時，按下 A 按鈕 LED 矩陣上會顯示文字 "B"，按下 B 按鈕 LED 矩陣上會顯示文字 "A"，讓別人以為你換了標籤位置就能改變按鍵顯示。藉此讓別人看起來如同變魔術一般的神奇。

趕快來玩吧！

當沒有磁力時，按下 A 鍵，LED 矩陣顯示 "A"。

● 圖 5-8

別人的手中沒有磁鐵，所以按下按鍵 A，還是顯示了 "A"。

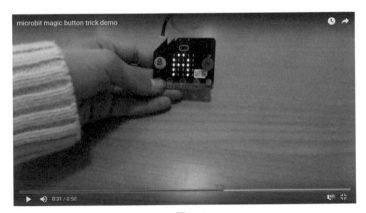

● 圖 5-9

趕緊往下看，學習一下「魔術」的樂趣吧！

★ 實作過程

步驟一：

我們編寫的程式要先作出正常按鈕的動作。也就是當我們按下按鍵 A 時，應該要顯示文字 "A"；當我們按下按鍵 B 時，應該要顯示文字 "B"。

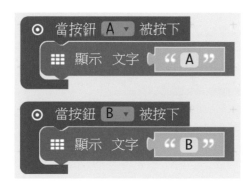 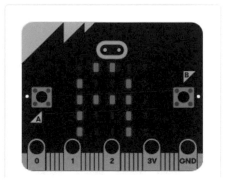

● 圖 5-10

步驟二：磁力值量測

還記得前面幾章曾提到 micro:bit 擁有 "指南針" 的功能嗎？ 是的，這次我們就是用這個指南針來測量磁力值，指南針原本就是透過地球磁場的方向指示南、北的方位，當然它也可以偵測到附近的磁鐵。在這一個遊戲，我們就是利用它來幫忙測量 micro:bit 周圍是否有磁鐵，趕緊叫出磁力感應值積木吧！

● 圖 5-11

步驟三：磁力值判斷

如果你曾經玩過磁鐵，會知道磁鐵有 N 極和 S 極，根據磁鐵的哪一端指向 micro:bit，磁力測量會有負數（例如 -100）或正數（如 100）。但這個案例我們只是想知道強度是否至少為 100，而不用關心測量值是正數或負數，因為磁鐵藏在手上，也不確定哪一極會碰到 micro:bit，所以姑且使用數學積木中的 "取絕對值積木"，來告訴我們測量到的數據，直接忽略負號，只是把它看作是 100，

因此，在下面的程式碼中，我們將檢查磁場強度讀數的絕對值是否大於 100，並將檢查結果保存在一個名為 isSwitched 變數內：

● 圖 5-12

步驟四：重複檢查磁力感應值

為了讓我們的 micro:bit 可以持續檢查是否有磁鐵靠近、磁力感應值是否大於 100，我們需要不斷對這件事情做檢查，以免於磁鐵放在 micro:bit 板子下時，我們的把戲被其他人識破了，這可是一件非常重要的事。

程式積木如下圖所示：

● 圖 5-13

步驟五：磁鐵已藏在板子下方，交換按鈕的程式要如何寫？

為了讓看魔術的人可以產生錯覺，以為換了 A/B 按鈕標籤就能真的換了按鍵，於是我們得努力寫一段程式碼，讓 micro:bit 可以知道當檢測到磁力感應值超過 100 時，A/B 按鍵的功能要反過來，才能完成魔術的效果。

程式積木如下：

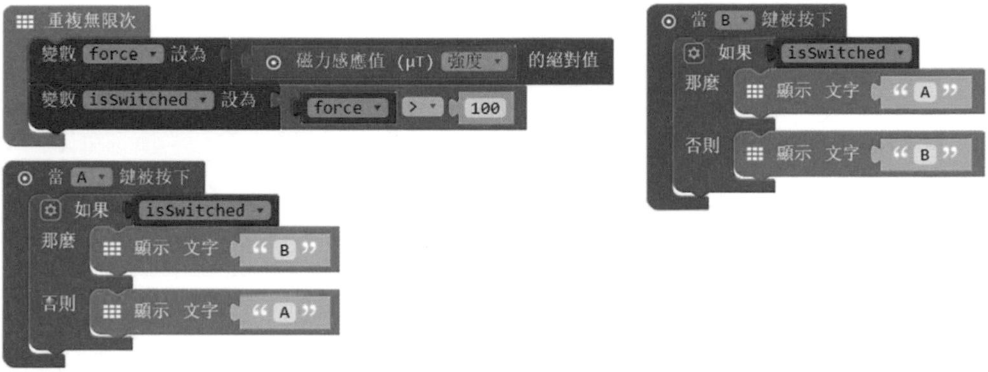

● 圖 5-14

步驟六：多練習幾次你的魔術，準備出場吧！

現在你只需要對你的 micro:bit 執行上述程式積木，就可以開始練習你的魔術磁力按鍵。也可以讓你的朋友嘗試看看在切換按鍵標籤後點擊按鈕，一定不會有相同效果。因為他們手上沒有磁鐵，所以當你切換按鍵標籤，再配合下方磁鐵，魔術就得以展現了。

★ 創意拓展

- ◎ 將字串 "A"、"B" 顯示，改成按下 A 按鍵蜂鳴器響一聲，按下 B 響二聲。
- ◎ 將顯示 "A"、"B" 字母變成滾動顯示。
- ◎ 將原本按一下顯示字母 "A"、"B" 變成按二下顯示字母 "A" 及 "B"。

註：這個魔術項目由 Brian 和 Jasmine Norman 所貢獻。

5.5 MakeCode_ 蕃茄工作法

⭐ 活動主題

蕃茄工作法（Pomodoro Technique）。

⭐ 活動目標

- 藉由蕃茄鐘的程式製作瞭解 Mackcode 程式基本模組的使用方法，以及該程式的基本結構功能。
- 能夠將實踐成果應用於任務學習中，培養自我時間管理能力。
- 初步掌握蕃茄工作法的應用方法，提高工作、學習效率。

⭐ 知識技能

1、故事背景：

Pomodoro Technique 是法蘭西斯科・西裡洛於 1992 年創立的一種相對於 GTD 更微觀的時間管理方法。在 Pomodoro Technique 一個個短短的 25 分鐘內，收穫的不僅僅是效率，還會有意想不到的成就感。

Pomodoro Technique （蕃茄工作法）由法蘭西斯科・西裡洛於 1992 年創立。他在大學生活的頭幾年，曾一度苦於學習效率低下，於是便和自己打賭，狠狠鄙視自己說："我能學習一會兒嗎？真正學上 10 分鐘？"後來他找到了一枚廚房計時器，形狀像蕃茄（Pomodoro，義大利語的 "蕃茄"）。就這樣，遇到了他的蕃茄鐘。

2、應用方法：

蕃茄工作法－做法：

① 每天開始的時候規劃今天要完成的幾項任務，將任務逐項寫在列表裡（或記在軟體的清單裡）。

② 設定蕃茄鐘（計時器、軟體、鬧鐘等），時間是 25 分鐘。

③ 開始完成第一項任務，直到蕃茄鐘響鈴或提醒（25 分鐘到）。

④ 停止工作，並在列表裡該項任務後畫個 X。

⑤ 休息 3~5 分鐘，活動、喝水、方便等等。

⑥ 開始下一個蕃茄鐘，繼續該任務。一直迴圈下去，直到完成該任務，並在列表裡將該任務劃掉。

每四個蕃茄鐘後，休息 25 分鐘。

在某個蕃茄鐘的過程裡，如果突然想起要做什麼事情──

非得馬上做不可的話，停止這個蕃茄鐘並宣告它作廢（哪怕還剩 5 分鐘就結束了），去完成這件事情，之後再重新開始同一個蕃茄鐘；

如果不是必須馬上去做，在列表裡該項任務後面標記一個逗號（表示打擾），並將這件事記在另一個列表裡（比如叫"計畫外事件"），然後接著完成這個蕃茄鐘。

3、基本原則：

○ 蕃茄鐘不可分割。

○ 耗時超過 3 小時的任務需要再切分。

○ 每個蕃茄鐘開始後就不能暫停，只能作廢重來。

○ 若一項活動花費時間很短、不到一個蕃茄鐘，可與其他活動合併。

○ 蕃茄工作法不用於假期和休息期的活動。

4、應用目的：

蕃茄工作法－目的：

- 減輕時間焦慮。

- 提升集中力和注意力，減少中斷。

- 增強決策意識。

- 喚醒激勵和持久激勵。

- 鞏固達成目標的決心。

- 完善預估流程，精確地保質保量。

- 改進工作學習流程。

- 強化決斷力，快刀斬亂麻。

★ 實作過程

① 在 MakeCode 中將該程式分塊製作出來。

② 檢測程式過程，獲得複雜程式製作體驗。

③ 理解程式結構及基本程式模組的應用方法。

④ 掌握重點變數的設置方式。

⑤ 設計應用專案計畫書，初步掌握蕃茄工作法對時間管理的方法。

這個程式比較複雜，使用了 189 個積木塊，大家可以直接在下面網址打開。

https://makecode.microbit.org/_/a1cmiKMo5Ji

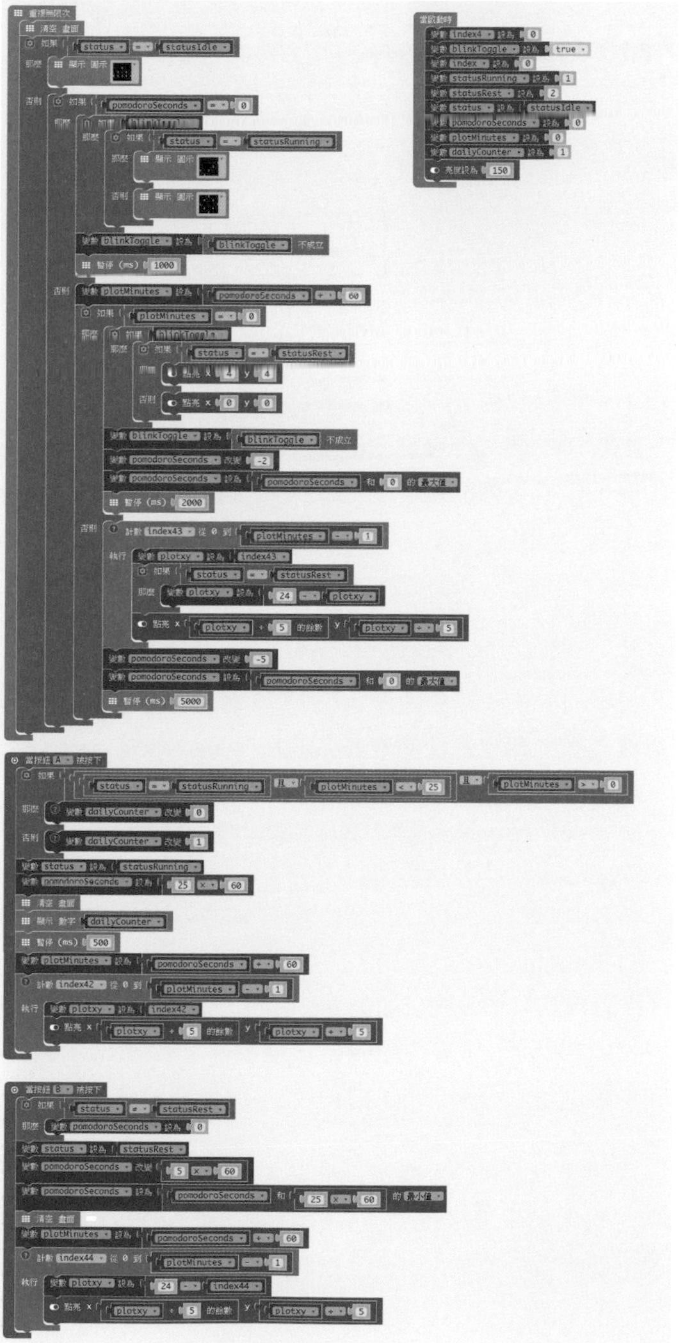

● 圖 5-15

5.6 MakeCode_ 投票表決系統

★ 活動主題

用你的 micro:bit 製作一部先進的智能投票系統機吧！

★ 活動目標

在生活上或班級中，常遇到需要大家投票表決的問題，這個活動就是教導如何利用生活上的需要，去製作一個符合現實生活上可以應用的裝置，減少重覆性的工作，提早領悟科技始終來自於人性的道理，科技是為了讓人們的生活更加便利，而不是取代人類的工作。

★ 知識技能

這個實驗可少人玩，也可多人共同玩。在學習過程中，讀者們會學會如何使用 micro:bit 進行投票系統的建置。這個投票系統一共分為兩種 micro:bit 的投票功能，一種是投票機，一種是投票結果的主控台儀表板，用來統計投票結果。當然全場投票都是使用無線的方式，讀者們也要透過無線的方式來進行投票與結果統計。

★ 實作過程

在這個案例中，投票程式被加載到玩家的 micro:bit 上。播放器使用按鈕投票 "YES" 或者 "NO" ，投票結果利用無線傳輸的方式被發送到投票結果儀表板的 micro:bit 上，儀表板同時為每個玩家分配一個 LED，並基於投票開啟或關閉。

下圖是讀者們完成程式碼編寫後，能看到的結果。從圖中可以看到 3 個 micro:bit 是打勾的，右上角是投票結果主控台，當 3 台投票機都投 Yes，此時投票結果主控台會顯示 3 個亮燈。

● 圖 5-16

下圖中，讀者們會看到一個 X，所以投票結果主控台的第 2 顆燈空缺，只有第 1 及第 3 顆亮，從這就能看出，投票的狀態分別了。那麼不多說，咱們馬上開始動手實作吧！

● 圖 5-17

步驟一：表決 YES 和 NO 的程式積木設計

假設按鍵 A 代表的是 NO，按鍵 B 是代表的是 YES。當讀者按下按鍵 A，無線電會

傳輸一個訊號到主控台，並在螢幕上顯示 "X" 的符號；當讀者按下按鍵 B，無線
電會傳輸一個訊號到主控台，並在螢幕上顯示 "✓"。

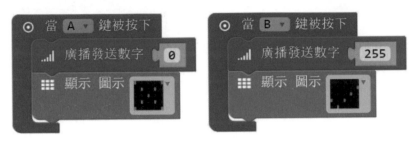

●圖 5-18

步驟二：廣播程式設計

為了方便跟蹤投票結果，我們告訴主控台也發送裝置的序號，方便接收判斷，並且
選擇 4，設定為廣播群組，然後連同上述程式積木放在一起執行，投票機就完成了。

●圖 5-19

步驟三：投票結果主控台程式設計（Javascript）

（建議老師或遊戲統計主導者拿儀表板的 microbit，方便控制大家遊戲狀態與進度）

```
const deadPing = 20000;
const lostPing = 10000;
interface Client {
```

```
    // client serial id
    id: number;
    // sprite on screen
    sprite: game.LedSprite;
    // last ping received
    ping: number;
}
const clients: Client[] = [];
/* lazy allocate sprite */
function getClient(id: number): Client {
    // needs an id to track radio client identity
    if (!id)
        return undefined;
    // look for cache clients
    for (const client of clients)
        if (client.id == id)
            return client;
    const n = clients.length;
    if (n == 24) // out of pixels
        return undefined;
    const client: Client = {
        id: id,
        sprite: game.createSprite(n % 5, n / 5),
        ping: input.runningTime()
    }
    clients.push(client);
    return client;
}
// store data received by clients
radio.onDataPacketReceived(packet => {
```

```
    const client = getClient(packet.serial);
    if (!client)
        return;
    client.ping = input.runningTime()
    client.sprite.setBrightness(Math.max(1, packet.receivedNumber & 0xff));
})
// monitor the sprites and start blinking when no packet is received
basic.forever(() => {
    const now = input.runningTime()
    for (const client of clients) {
        // lost signal starts blinking
        const lastPing = now - client.ping;
        if (lastPing > deadPing) {
            client.sprite.setBlink(0)
            client.sprite.setBrightness(0)
        }
        else if (lastPing > lostPing)
            client.sprite.setBlink(500);
        else
            client.sprite.setBlink(0);
    }
    basic.pause(500)
})
// setup the radio and start!
radio.setGroup(4)
game.addScore(1)
```

★ 創意拓展

　　◎ 試著將主控台的 Javascript 程式碼轉換為積木程式操作看看。

◎ 試著將每次投票結果，用別的方式顯示，不要用 LED 燈亮及燈暗代表是否投票。

5.7 Python_ 燈光瀑布

★ 活動主題

使用 Python 程式製作燈光瀑布。

★ 活動目標

學習簡單演算法改變燈光變化的方法，應用 5X5 LED 顯示動態的瀑布畫面。

★ 知識技能

micro:bit 的螢幕雖然不大，但是也可以顯示不少內容。這個小程式透過控制 LED 亮度，以特定的方式變化，可以模擬從上往下瀑布流水的效果。

通過三個步驟設計改變燈光顯示效果，形成瀑布。

★ 實作過程

```
from microbit import *


n=0
while 1:
# 改變計數器
n=(n-1)%10


# 產生新的圖案
```

```
img=str(n)*5

for i in range(4):

    t=(n+i)%10

    img=img+':'+str(t)*5


# 顯示新的圖案

display.show(Image(img))

sleep(50)
```

★ 創意拓展

- 增加聲音效果。
- 透過隨機延時，模擬自然界中真實效果。
- 每一列有不同的變化。
- 模擬其他場景（如月相變化）。

● 圖 5-20　加拿大尼加拉瀑布（Niagara Falls）
（圖片來源 pic.pimg.tw/）

5.8 Python_ 命運之步

⭐ 活動主題

命運之步是一款誰也不知道最後誰能成為贏家的遊戲，透過本遊戲可以設定不同人的姓名結合不同的步數，去決定我們的下一步步數。可以結合機器人關卡或桌遊一起玩。

⭐ 活動目標

學習掌握按鍵輸入、陣列數值設定及亂數的函數，作出更多不同的應用。

⭐ 知識技能

- ⭕ 我們可以改變陣列內的字串，改成同學或家人的名字，更有臨場感。

- ⭕ 變換的數值目前設定為 1、2、3、4、5、6，我們也可以增加或減少數值，讓整個遊戲的變化性更高。

⭐ 實作過程

◉ 圖 5-21

1、硬體安裝：

直接將 micro:bit 插上電腦，然後下載程式即可。

2、程式設計：

① 按下 A 鍵可以隨機出現人名。

② 按下 B 鍵可以隨機亂數出現 1 到 6 不同的數字。

③ 閱讀和分析主程式中相關內容，瞭解程式結構。

```python
from microbit import *
import random
names = ["Alex", "Bob", "Chris", "David", "Eric", "Frank"]


nums = ["1", "2","3","4","5","6"]


while True:
  if button_a.is_pressed():
    nametemp = random.choice(names)
    display.scroll(nametemp)
  if button_b.is_pressed():
    display.scroll(random.choice(nums))
```

★ 創意拓展

○ 在螢幕上顯示不同的表情與嘴型來發出講話聲音。

○ 改變不同單詞，說出不同的演講聲音。

○ 調整不同的速度，去做出不同的變音。

○ 改變不同音階，做一首聖誕節音樂吧！

5.9 Python_ 復活節變奏交響曲

⭐ 活動主題

利用 PYTHON 透過加速度器變化去改變唱歌聲音，如同外星人講話。

⭐ 活動目標

學習掌握音調及加速度器控制，改變字詞及發音演算，來做一個自動變調唱歌的小 micro:bit 機器人，進而做出更多有趣及好玩的應用。

⭐ 知識技能

- ◎ 我們可以改變演講的音調，使其聽起來像是在唱歌，再改變演講的速度，使每個單字持續或多或少的時間。

- ◎ 我們將加速度計連接到音高和速度，只要傾斜 micro:bit 的位置與角度便可使其進行歌唱。

⭐ 實作過程

接線示意圖：

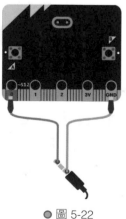

● 圖 5-22

● 圖 5-23

1、硬體安裝：

可以參考 micro:bit 的聲音輸出接法，再插上電腦或接上電池即可。

2、程式設計：

① 使用 Chrome 瀏覽器將程式碼輸入到裡面，然後下載到 micro:bit；請觀察顯示資料。

② 閱讀和分析主程式中相關內容，瞭解程式結構。

③ 按下 A 鍵，透過搖晃板子，開始感受程式的魔法吧！

```
# Make music with a micro:bit
# By P Dring, Fulford School, York
# Designed for Maplin's micro:bit competition: http://www.maplin.co.uk/microbit

import speech
```

```python
import random
from microbit import *

# lines of the song to sing in a random order
#讀者可以改變下列這句字詞，去做不同字詞的發音喔！
lines = ["Happy easter everyone", "Enjoy the easter holidays", "Happy Easter",
"A very happy easter to you"]

# mouth images
mouth_closed = Image("09090:00000:90009:09990:00000")
mouth_open   = Image("09090:00000:90909:09090:00900")

# keep looping
while True:
  # choose a random line to sing
  text = random.choice(lines)
  words = text.split(" ")

  # sing each word at a different pitch
  for word in words:
    display.show(mouth_closed)
    sleep(20)

    # wait for button A to be pressed
    while not button_a.is_pressed():
      sleep(50)

    # convert word to phoneme so we can sing it
    phoneme = speech.translate(word)
```

```
    pitch = accelerometer.get_x() # number from -1024 to 1024
    pitch += 1024.0                # translate it to a number between 0 and 2048
    pitch *= (95.0 / 2048.0)       # scale it to a number between 0 and 95
    pitch = int(115 - pitch)       # translate it into a number between 115 (low)
and 20 (high)

    # we want a speed between 0 (fast) and 255 (slow)
    s = accelerometer.get_y()      # number between -1024 and 1024
    s += 1024.0                    # translate it to a number between 0 and 2048
    s *= (255.0 / 2048.0)          # scale it to a number between 0 and 255
    s = int(255.0 - s)             # change it to a number from 255 (slow) to 0
(fast)

    display.show(mouth_open)
    speech.sing("#" + str(pitch) + phoneme, speed=s)
```

★ 創意拓展

○ 在螢幕上顯示不同的表情與嘴型來發出講話聲音。

○ 改變不同單詞，說出不同的演講聲音。

○ 調整不同的速度，去做出不同的變音。

○ 改變不同音階，做一首聖誕節音樂吧。

5.10 Python_ 無線乒乓大戰

★ 活動主題

透過 Python 玩無線乒乓。

★ 活動目標

藉由無線乒乓的程式設計，瞭解無線通訊的使用方法，理解程式中程式結構的邏輯關係，以設計簡單的演算法。

★ 知識技能

① 透過兩個 micro:bit 進行無線傳輸，讓整個遊戲看起來像打乒乓球。

② 兩個 micro:bit 都要裝入不同的程式，可以參見下列程式。

③ 有聲音音效，可以接上蜂鳴器對戰會更加佳刺激有趣。

④ 玩家 B 先啟動 micro:bit，然後等待來自玩家 A 的訊息，接著玩家 A 就可以啟動 micro:bit，開始發球了。

⑤ 球是 5*5 的 LED 矩陣中間移動的點，玩家們可以透過 A、B 按鈕移動球拍，如果擋住球會反彈，直至對手沒有擊中球，發球方就得分。

⑥ 先得 5 分者勝利，並會播放出勝利的音樂，反之輸球方會有哀傷的音樂出現。

⑦ 重新來一局，可以按 micro:bit 上的 Reset 鍵。

程式設計小提示：

① P + A 是玩家 A 的位置。

② X 和 Y 的資訊是球的目前位置，然後使用 bat_map 作映射查表。

③ a 和 b 訊息給出 A 和 B 各自的分數。

★ 實作過程

玩家 A 程式：

```
# Pongo by @blogmywiki / Giles Booth
# player A code - main game controller

import radio
import random
from microbit import *
from music import play, POWER_UP, JUMP_DOWN, NYAN, FUNERAL


a_bat = 2                    # starting position of player A bat
b_bat = 2                    # starting position of player B bat
bat_map = {0: 4, 1: 3, 2: 2, 3: 1, 4: 0}
ball_x = 2                   # starting position of ball
ball_y = 2
directions = [1, -1]    # pick a random direction for ball at start
x_direction = random.choice(directions)
y_direction = random.choice(directions)
delay = 1000             # used as a crude timer
counter = 0              # used as a crude timer
a_points = 0
b_points = 0
winning_score = 5
game_over = False


def move_ball():
    global ball_x, ball_y, x_direction, y_direction, counter, a_bat, b_bat, a_
points, b_points, delay
    display.set_pixel(ball_x, ball_y, 0)
```

```python
ball_x = ball_x + x_direction
ball_y = ball_y + y_direction
if ball_x < 0:                # bounce if hit left wall
    ball_x = 0
    x_direction = 1
if ball_x > 4:                # bounce if hit right wall
    ball_x = 4
    x_direction = -1
if ball_y == 0:
    if ball_x == b_bat:           # bounce if player B hit ball
        ball_y = 0
        y_direction = 1
        delay -= 50              # speed up after bat hits
    else:
        play(POWER_UP, wait=False)     # A gets point if B missed ball
        a_points += 1
        ball_y = 0
        y_direction = 1
        radio.send('a'+str(a_points))          # transmit points

if ball_y == 4:              # bounce if player A hits ball
    if ball_x == a_bat:
        ball_y = 4
        y_direction = -1
        delay -= 50              # speed up after bat hits
    else:
        play(JUMP_DOWN, wait=False)    # player B gets point if A misses
        b_points += 1
        ball_y = 4
        y_direction = -1
```

```
            radio.send('b'+str(b_points))
    counter = 0
    radio.send('x'+str(ball_x))              # transmit ball position
    radio.send('y'+str(ball_y))


radio.on()    # like the roadrunner


while not game_over:
    counter += 1
    display.set_pixel(a_bat, 4, 6)         # draw bats
    display.set_pixel(b_bat, 0, 6)
    display.set_pixel(ball_x, ball_y, 9)  # draw ball
    if button_a.was_pressed():
        display.set_pixel(a_bat, 4, 0)
        a_bat = a_bat - 1
        if a_bat < 0:
            a_bat = 0
        radio.send('p'+str(a_bat))
    if button_b.was_pressed():
        display.set_pixel(a_bat, 4, 0)
        a_bat = a_bat + 1
        if a_bat > 4:
            a_bat = 4
        radio.send('p'+str(a_bat))
    incoming = radio.receive()
    if incoming:
        display.set_pixel(b_bat, 0, 0)
        b_bat = bat_map[int(incoming)]
    if counter == delay:
        move_ball()
```

```
    if a_points == winning_score or b_points == winning_score:
        game_over = True


if a_points > b_points:
    play(NYAN, wait=False)
    display.scroll('A wins!')
else:
    play(FUNERAL, wait=False)
    display.scroll('B wins!')


display.scroll('Press reset to play again')
```

玩家 B 程式

```
# Pongo by @blogmywiki / Giles Booth
# player B code


import radio
from microbit import *
from music import play, POWER_UP, JUMP_DOWN, NYAN, FUNERAL


a_bat = 2              # starting position of player A bat
b_bat = 2              # starting position of player B bat
bat_map = {0: 4, 1: 3, 2: 2, 3: 1, 4: 0}
ball_x = 2             # starting position of ball
ball_y = 2
a_points = 0
b_points = 0
winning_score = 5
game_over = False
```

```python
radio.on()      # like the roadrunner


def parse_message():
    global a_bat, incoming, bat_map, ball_x, ball_y, a_points, b_points
    msg_type = incoming[:1]    # find out what kind of message we have received
    msg = incoming[1:]          # strip initial letter from message
    if msg_type == 'p':
        display.set_pixel(a_bat, 0, 0)
        their_bat = int(msg)     # mirror their bat position
        a_bat = bat_map[their_bat]
    if msg_type == 'x':
        display.set_pixel(ball_x, ball_y, 0)
        ball_x = bat_map[int(msg)]
    if msg_type == 'y':
        display.set_pixel(ball_x, ball_y, 0)
        ball_y = bat_map[int(msg)]
    if msg_type == 'a':
        a_points = int(msg)
        play(JUMP_DOWN, wait=False)
    if msg_type == 'b':
        b_points = int(msg)
        play(POWER_UP, wait=False)


while not game_over:
    display.set_pixel(b_bat, 4, 6)
    display.set_pixel(a_bat, 0, 6)
    display.set_pixel(ball_x, ball_y, 9)  # draw ball
    if button_a.was_pressed():
        display.set_pixel(b_bat, 4, 0)
        b_bat = b_bat - 1
```

```
        if b_bat < 0:
            b_bat = 0
        radio.send(str(b_bat))
    if button_b.was_pressed():
        display.set_pixel(b_bat, 4, 0)
        b_bat = b_bat + 1
        if b_bat > 4:
            b_bat = 4
        radio.send(str(b_bat))
    incoming = radio.receive()
    if incoming:
        parse_message()
    if a_points == winning_score or b_points == winning_score:
        game_over = True

if a_points < b_points:
    play(NYAN, wait=False)
    display.scroll('B wins!')
else:
    play(FUNERAL, wait=False)
    display.scroll('A wins!')
```

★ 創意拓展

將延遲參數變小，可以使遊戲更快。你也可以藉由增加 winning_score 使遊戲時間
變長，訂製一款個性化的無線乒乓大戰吧 !!

5.11 Python_ 摩斯密碼發報機

★ 活動主題

用 Python 製作一台摩斯密碼發報機。

★ 活動目標

藉由摩斯密碼發報機的製作，瞭解並掌握 micro:bit 中無線電通訊的基本使用方法。最早的摩斯電碼是一些表示數字的點和劃。數字對應單詞，需要搭配代碼表才能知道每個詞對應的數。用一個電鍵可以敲擊出點、劃及中間的停頓。

雖然摩斯發明了電報，但他缺乏相關的專門技術。他與艾爾菲德·維爾簽定了一個協定，讓他幫自己製造更加實用的裝置。艾爾菲德·維爾構思了一個方案，透過點、劃和中間的停頓，可以讓每個字元和標點符號彼此獨立地傳送出去。他們達成共識，同意把這種標示不同符號的方案放到摩斯的專利中。這就是現在我們所熟知的美式摩斯電碼，它被用來傳送世界上第一則電報。

這種代碼可以用一種音調平穩時斷時續的無線電訊號來傳送，通常被稱做「連續波」（Continuous Wave），縮寫為 CW。它可以是電報電線裡的電子脈衝，也可以是一種機械或視覺的訊號（比如閃光）。

一般來說，任何一種能把書面字元用可變長度的訊號表示的編碼方式都可以稱為摩斯電碼。但現在這一術語只用來特指兩種表示英語字母和符號的摩斯電碼：美式摩斯電碼被使用在有線電報通訊系統；今天還在使用的國際摩斯電碼則只使用點和劃（去掉停頓）。

★ 知識技能

這是在 m0rvj_microbit_cw_transceiver （https://github.com/jg00dman/m0rvj_microbit_cw_transceiver） 程式基礎上修改的。它能夠發送和接收摩斯密碼，接收的數據可以儲存和顯示出來。

發報機程式使用無線方式發送和接收在多個 micro:bit 之間通信，因此這個例子需要兩組以上的 micro:bit。

電報機程式主要功能：

- 按下 A 鍵顯示接收到的訊息。
- 按下 B 鍵發送，按下時間的長短代表摩斯密碼。
- 發送和接收時，都有聲音提示。

本程式與原參考程式差異點：

- 去掉容易誤觸發的觸摸鍵。
- 使用 pin12 控制馬達。

★ 實作過程

```python
from microbit import *
import radio
import music


radio.on()
radio.reset()


#設定無線通訊的通道、發射功率、速率等參數
radio.config(power=7)
```

```
radio.config(channel=98)

WPM = 15

txenabled = True # 如果禁止發送，就只能接收訊息

sidetone = 550


# 摩斯密碼相關變數和參數

dotlength = int( 60000 / ( WPM * 50 ) )

dashlength = dotlength * 3

interelement = dotlength

interletter = dotlength * 2

interword = dotlength * 7

DOT_THRESHOLD = dotlength * 2

DASH_THRESHOLD = dotlength * 5

WORD_THRESHOLD = dotlength * 7


# 點、橫線、天線的圖案

DOT = Image("00000:00000:00900:00000:00000")

DASH = Image("00000:00000:09990:00000:00000")

ANT = Image("90909:09990:00900:00900:00900")


# 摩斯密碼的編碼表

morse = {

    "A":".-",

    "B":"-...",

    "C":"-.-.",

    "D":"-..",

    "E":".",

    "F":"..-.",

    "G":"--.",

    "H":"....",
```

```
        "I":"..",
        "J":".---",
        "K":"-.-",
        "L":".-..",
        "M":"--",
        "N":"-.",
        "O":"---",
        "P":".--.",
        "Q":"--.-",
        "R":".-.",
        "S":"...",
        "T":"-",
        "U":"..-",
        "V":"...-",
        "W":".--",
        "X":"-..-",
        "Y":"-.--",
        "Z":"--..",
        "0":"-----",
        "1":".----",
        "2":"..---",
        "3":"...--",
        "4":"....-",
        "5":".....",
        "6":"-....",
        "7":"--...",
        "8":"---..",
        "9":"----.",
        ".":".-.-.-",
        ",":"--..--",
```

```python
    "/":"-..-.",
    "?":"..--.."
}


# 字典反向

decodemorse = {v: k for k, v in morse.items()}


# 轉換字串

def EncodeMorse(message):
    m = message.upper()
    enc = ""
    for c in m:
        enc = enc + morse.get(c," ")
        if morse.get(c," ") != " ":
            enc = enc + " "
    return enc


# 閃動顯示

def FlashMorse(pattern):
  for c in pattern:
      if c == ".":
          display.show(DOT)
          pin12.write_digital(1)
          music.pitch(sidetone, dotlength)
          display.clear()
          pin12.write_digital(0)
          sleep(interelement)
      elif c == "-":
          display.show(DASH)
          pin12.write_digital(1)
```

```python
            music.pitch(sidetone, dashlength)
            display.clear()
            pin12.write_digital(0)
            sleep(interelement)
        elif c == " ":
            sleep(interletter)
    return


# 接收訊息
def ReceiveCW():
    display.show(ANT)
    message = ''
    started = running_time()
    while True:
        waiting = running_time() - started
        received = radio.receive()
        if received:
            FlashMorse(EncodeMorse(received))
            message += received
        if button_b.is_pressed():
            return # breakin to immediate keying

        if button_a.was_pressed():
            display.scroll(message) # 顯示時不能接收資料
            message = ''
        if waiting > WORD_THRESHOLD * 2:
            display.show(ANT)
        if len(message) > 15: # 訊息存入緩衝區
            message = message[1:16]
        if accelerometer.was_gesture("shake"):
```

```
            display.scroll("CW TRX by M0RVJ")


def Keyer():
    buffer = ''
    message = ''
    started = running_time()
    while True:
            waited = running_time() - started
            key_down_time = None
            while button_b.is_pressed(): ## 按鍵 B 輸入
                if not key_down_time:
                    key_down_time = running_time()
                music.pitch(sidetone, -1, pin0, False)
                pin12.write_digital(1)
                while True:
                    if not button_b.is_pressed():
                        music.stop()
                        pin12.write_digital(0)
                        break

            key_up_time = running_time()
            if key_down_time:
                duration = key_up_time - key_down_time
                if duration < DOT_THRESHOLD:
                    buffer += '.'
                    display.show(DOT)
                elif duration:
                    buffer += '-'
                    display.show(DASH)
                started = running_time()
```

```
        elif len(buffer) > 0 and waited > DASH_THRESHOLD:
            display.clear()
            character = decodemorse.get(buffer, '?')
            buffer = ''
            display.show(character)
            if tx_enabled:
                radio.send(character)
            message += character
        if waited > WORD_THRESHOLD * 2:
            return

while True:
    Keyer()
    ReceiveCW()
```

★ 創意拓展

- 如果有很多組學生同時測試摩斯密碼發報機時，我們可以修改通道分組避免信號干擾。

- 製作摩斯電碼操作指南，讓孩子們學習最原始的摩斯密碼發報機的原理與架構。

- 可以新增符號，代表新的密碼，讓學生們彼此設計並增加更多的加密、解密的應用，讓電報機更好玩。

PART 6 ▼附錄與參考資料

筆者把一些線上資源整合如下，大家可以參考其中的實例及課程。

- ○ 官方網站：www.microbit.org

- ○ MakeCode 線上程式設計：makecode.microbit.org

- ○ PythonEditor 線上程式設計：python.microbit.org

- ○ 中文圖形化程式設計：microbit.site

- ○ https://blog.withcode.uk/

- ○ http://www.suppertime.co.uk/blogmywiki/2016/12/radio-pong/

- ○ BBC 線上課程資料集錦：http://x.co/microbit

  這個教學網站旨在鼓勵小學二、三年級的同學可以在學校及家裡共同創作、開發自己的作品與程式，課程中可以應用到物理、數學，或製作遊戲與好朋友及同學們一起玩。網站上還有一些針對教師使用的教師指南、算命先生遊戲、熱馬鈴薯遊戲、賽車遊戲等很多好玩、有趣的應用。

- ○ MultiWingSpan：http://multiwingspan.co.uk/micro.php

  這是一個擁有非常多 micro:bit 教學應用案例的網站，有興趣的讀者們可以上去參考看看，非常簡單、易懂，但大多是英文的，還好現在 Google 翻譯很方便，可以直接使用喔！

- ○ Rob Jones：https://robjonescowley.wordpress.com/resources/
  這個網站的資源很豐富，上面除了有很多 micro:bit 的案例分享，還有很多其他語言的應用，建議全面型的教師工作者，可以參考看看。

○ IET 工程與技術學院－ STEM 教育（micro:bit 應用案例）：http://x.co/6nMpR
這個網站的案例比較偏向航天與太空的 micro:bit 應用，例如降落傘的降
落加速測試，未來可以應用到達火星表面的測試、設備疲勞測試，可以用
micro:bit 來管理施工現場和重型機械的設備疲勞測試。甚至可以在遊戲上
面例如電子計分牌和遊戲計時器等等應用，超乎你想像的應用，都可以在
這裡找到。

○ Electro Football：http://make.techwillsaveus.com/projects/microfootball
上面很多有趣又好玩的範例，並且提供一步一步的教學介紹軟硬體的應用。

○ 布魯克小學太空實驗：
http://www.brooke.norfolk.sch.uk/brooke-space-programme/
位於歐洲英格蘭的布魯克小學，裡面的老師很天才，居然把 micro:bit 玩到
太空去了。裡面有非常多的有趣太空應用，透過這些實例應用，讓每個小
孩子都瘋狂的愛上 Microbit。這些太空應用大致上分為 9 堂課，從溫度的
概念量測、時間的量測、加速、溫濕度的量測、指南針、金屬探測及數據
儲存等等非常豐富，有興趣的讀者可以上去看看。

歡迎各位讀者分享與反饋關於本書的資訊，讓大家能共同成長，大家可以在
FB 或 Email 上留言與詢問。
FB 粉絲專頁：https://www.facebook.com/Kickduino/
郵件：kickduino@gmail.com

BBC Micro:bit 入門與學習

作　　者：黃國明 / 余波 / 邵子揚
企劃編輯：莊吳行世
文字編輯：詹祐甯
設計裝幀：張寶莉
發 行 人：廖文良

發 行 所：碁峰資訊股份有限公司
地　　址：台北市南港區三重路 66 號 7 樓之 6
電　　話：(02)2788-2408
傳　　真：(02)8192-4433
網　　站：www.gotop.com.tw
書　　號：ACH022100
版　　次：2018 年 08 月初版
建議售價：NT$249

國家圖書館出版品預行編目資料

BBC Micro:bit 入門與學習 / 黃國明，余波，邵子揚著. -- 初版.
　-- 臺北市：碁峰資訊, 2018.08
　　面 ;　　公分
　ISBN 978-986-476-870-7(平裝)
　1.微電腦　2.Python(電腦程式語言)
471.516　　　　　　　　　　　　　　　107011831

讀者服務

● 感謝您購買碁峰圖書，如果您對本書的內容或表達上有不清楚的地方或其他建議，請至碁峰網站：「聯絡我們」\「圖書問題」留下您所購買之書籍及問題。(請註明購買書籍之書號及書名，以及問題頁數，以便能儘快為您處理)
http://www.gotop.com.tw

● 售後服務僅限書籍本身內容，若是軟、硬體問題，請您直接與軟體廠商聯絡。

● 若於購買書籍後發現有破損、缺頁、裝訂錯誤之問題，請直接將書寄回更換，並註明您的姓名、連絡電話及地址，將有專人與您連絡補寄商品。

● 歡迎至碁峰購物網
http://shopping.gotop.com.tw
選購所需產品。